改訂新版

農家・農業法人の労務管理

人材確保　就業規則
賃金　労働・社会保険

福島公夫
福島邦子　著

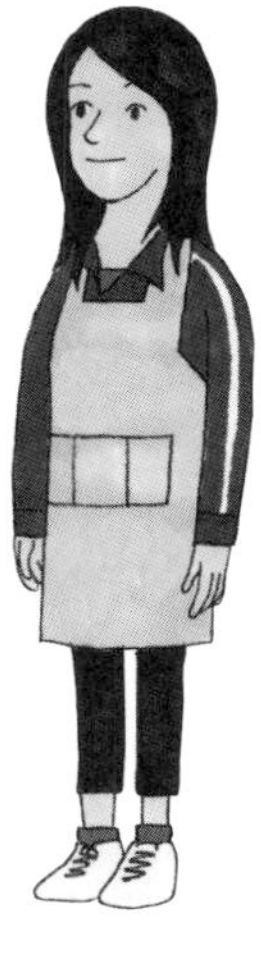

農文協

はじめに

2013年に旧著『農家・法人の労務管理』を発行してから10年余りが過ぎましたが、いまだに多くの農業経営者の皆さまにご愛読いただいています。

この間、働き方改革関連法や育児・介護休業法、パワハラ防止法など、農業の現場も対象になる法律改正が行なわれました。また、政府の副業・兼業の推進に伴い、スマホのアプリを活用した1日単位・時間単位のアルバイトが広がり、他産業に従事する人が休日に農業で働く機会も増えてきました。農作業のバイトは本業の労働時間に通算されないために割増賃金が発生することがなく、副業・兼業先として農業で大歓迎されています。

さらに、外国人の雇用については特定技能制度によって農繁期のみの労働派遣が認められるようになっただけでなく、「特定技能2号」の対象に農業も追加されることで長期間の雇用が可能になりました。本書は、そうした法改正や新制度への対応も加え、旧著を大幅に増補・改訂しました。

農業の労務管理は他産業と異なります。労務管理の基本となる「労働時間」「休日」「休憩」の規程について、たとえば、他産業の労働時間は労働基準法により「1日8時間以内」とされています(労働基準法第41条)。一方、農業は天候に左右される仕事のため、労働基準法のこの規定は適用されません。労働時間を「1日10時間」としても違法ではないのです。実際に、そのようにしている農業法人もあります。

最もまずいのは、労働条件通知書や就業規則で他産業並みに1日8時間労働としておいて、実際はそれ以上働いても残業代を支払わない場合です。当然、従業員が不満を持ち、辞める原因になります。また、従業員が労働基準監督署へ訴えれば、3年間さかのぼって残業代を支払うことになります。

1人でも労働者を雇い入れれば、農業法人だけでなく、個別農家でも労働基準法の適用を受けます（パートタイマー、アルバイトでも同じです）。労働者を雇用するとその日から「使用者」になり、使用者としての責任が生じ、「労務管理」も必要になります。

この本は、農業経営を行なう使用者の視点から説明していますが、従業員の方にもぜひ読んでいただきたい内容となっています。従業員の皆さんにとって職場は生活の糧を得るだけでなく、仕事をとおして多くの時間を過ごす大切な場所です。農業の職場に勤務し、農業を職業にしようと考えているのでしたら、きっと本書の知識が役立ちます。

「労務相談　ここが聞きたいQ＆A」のコーナーは、日々、私どもの事務所に寄せられる質問のなかから、農業に関係する労務管理の疑問をQ＆A形式で解説しています。気軽にお読みください。

２０２４年３月

特定社会保険労務士　福島公夫
特定社会保険労務士　福島邦子

目次

第1章　募集から採用まで

第2章　職場の規律

第4章　労働・社会保険

第5章　研修生・外国人労働者の労務管理

第6章　雇用に関する助成金

イラスト＝キモト アユミ

序章　あなたの農場で必要な労務管理

1　労務管理と法律のかかわり

労務管理とは、「労働生産性を高める目的から、企業がその従業員に対して行なう一連の管理」のことです。具体的な労務管理の内容は、「従業員の採用、労働時間、賃金、人事評価、退職・解雇、労働保険・社会保険、安全衛生」といった本書で説明している事柄になります。

●労務管理の基本は労働基準法

労務管理に関する手続き（たとえば、採用や解雇）や最低基準（たとえば、最低賃金）などは、法律で定められています。そのため、労務管理では「法律でこのようになっているから、自社ではこうしよう」という流れになるのが一般的です。

労務管理に関係する法律は労働法といわれます。労働法は、労働にかかわる各種法令の総称のことです。その労働法の中核になって、労務管理の基本的事項を定めている法律が「労働基準法」です。労働基準法は、家族経営（同居の親族のみ使用）の場合は直接的な関係はありませんが、1人でも労働者を雇うと適用になります。

労働基準法の違反を取り締まっている役所が労働基準監督署です。労働基準監督署にいる労働基準監督官には、特別司法警察員としての権限が与えられています。労働基準法に違反すると罰金や、悪質な場合は懲役刑に処せられることもあります。

でも、そんなに心配しないでください。農業は他産業より労働基準法の適用規定が少なくなっています。これから本書を読んでいただければわかります。

ところで、労務管理に関係する法律は、【表1】のようにたくさんあります。本書は、農業に必要な労務管理の説明をするなかで、その根拠となる法律と何条であるかを示し、条文はなるべくシンプルにまとめて説明しています。

●農業は労働基準法の重要規定が適用除外

労働基準法に違反すると、罰金や悪質な場合は懲役刑に処せられることもありますので、注意が必要です。

でも農業は天候に左右される等の理由から、労働基準法第41条および別表第一（第6号、第7号）で規定されているとおり、労働基準法の重要規定が適用除外（適用されないこと）になっています。

表1　労務管理に関係する法律

名称	内容
労働基準法	賃金・労働時間・休日・労働契約など、労務管理の基本的事項を定めている。 ＊年次有給休暇5日の取得義務や他産業の残業上限時間の規定が追加された
パートタイム・有期雇用労働法	パートなど非正規労働者の適正な労働条件の確保、教育訓練の実施、福利厚生の充実、雇用管理改善などを目的としている。 ＊同一労働同一賃金の規定が追加された
労働安全衛生法	労働災害防止を推進することにより職場における労働者の安全と健康を確保すること等を目的としている。 ＊始業・終業時刻や労働時間の記録義務の規定が追加になった
労働契約法	雇用にあたり労働者と使用者の間で締結される労働契約の基本的事項を定めている。労働契約法第5条では、「使用者は、労働者がその生命、身体等の安全を確保しつつ労働することができるよう、必要な配慮をするものとする」という安全配慮義務を定めている。
男女雇用機会均等法	労働者の募集・採用、配置、昇進、職種、労働契約の更新等について、性別を理由としての差別的取扱いを禁止している。
育児介護休業法	育児または家族の介護を行なう労働者の職業生活と家庭生活との両立が図られるよう支援することなどを目的としている。
高年齢者雇用安定法	企業における65歳までの継続雇用や定年年齢の引き上げなどを図る目的がある。 ＊2021年4月1日から70歳までの就業機会の確保について事業主の努力義務が設けられたが、当面は強制ではない。
労働者災害補償保険法（労災）	労働者の業務上または通勤上災害等による負傷・疾病・障害・死亡への給付等について定めている。
雇用保険法	労働者が失業した場合に支給される失業給付のほか、雇用の安定と就職の促進を図るために、教育訓練給付、雇用継続給付などについて定めている。
健康保険法	企業（農業法人含む）の労働者およびその被扶養者を対象とする健康保険について定めている。なお、自営の農業者が加入する国民健康保険（国保）とは異なる。
厚生年金保険法	企業（農業法人含む）の労働者が加入する厚生年金保険について定めている。
労働施策総合推進法	事業主に職場におけるパワーハラスメント防止措置を講じる義務を定めている。

＊働き方改革として新たに規定された内容

労働基準法第四十一条

この章、第六章及び第六章の二で定める労働時間、休憩及び休日に関する規定は、次の各号の一に該当する労働者については適用しない。

一　別表第一第六号（林業を除く。）又は第七号に掲げる事業に従事する者

別表第一

六　土地の耕作若しくは開墾又は植物の栽植、栽培、採取若しくは伐採の事業その他農林の事業

七　動物の飼育又は水産動植物の採捕若しくは養殖の事業その他の畜産、養蚕又は水産の事業

表2　労働基準法の適用除外となる6項目

適用除外項目	他産業における定め	農業における定め
労働時間（労基法第32条）	1日8時間、1週40時間を超えて労働させてはならない（休憩時間を除く）	労働時間についての定めなし
休憩（労基法第34条）	労働時間が6時間を超える場合には45分以上、8時間を超える場合には1時間以上の休憩を与えなくてはならない	休憩についての定めなし
休日（労基法第35条）	1週間に少なくとも1日、または4週間で4日以上の休日を与えなくてはならない	休日についての定めなし
割増賃金（労基法第37条）	1日8時間、1週40時間を超える労働、法定休日と深夜に行なった労働については、割増率を乗じた賃金を支払わなくてはならない	深夜労働*にかかる割増率以外の割増率は不要
年少者の特例（労基法第61条）	満18歳に満たない年少者を深夜労働に就かせてはならない	年少者を深夜労働させることができる
妊産婦の特例（労基法第66条）	妊産婦が請求した場合には、変形労働時間制、非定型的変形労働時間制を採用している場合であっても1日または1週間の法定労働時間を超えて労働させてはならない。時間外労働、休日労働をさせてはならない	時間外、休日労働をさせることができる（ただし、深夜労働はさせてはならない）

＊深夜労働とは午後10時から翌日午前5時までに行なった労働で、25％以上の割増賃金を支払う必要がある

「えー、そうなんですか……」多くの農業経営者は初めて適用除外を聞いたと言います。

労働基準法の適用除外になっている規定は労働時間・休憩・休日・割増賃金等で、労務管理のポイントになる部分です。適用除外の6項目は、【表2】にまとめています。

労働基準監督署が他産業に行なった行政指導（是正勧告）では、労働時間や割増賃金の違反が多く報告されています。農業では、実態に応じて労働時間を定め、割増賃金は支給しないとすることで、他産業のような是正勧告を受けることはかなり少なくなります。この点については、第2章62ページ「農業には労働時間の規制がない」や、第3章102ページ「残業代を減らす方法」などで、詳しく説明しています。

●農業が適用除外になっている理由

農業が、労働基準法の重要な規定が適用除外になっている理由として、

①事業が気候等の自然条件に左右される

②事業および労働の性質から1日8時間や週休といった規制になじまない

③天候の悪いときや農閑期など、適宜に休養が取れるので労働者保護に欠けるところがない

などがあげられています。

さて、適用除外となる農業の種類については、労働基準法第41条および別表で〝土地の耕作や植物の植栽・栽培・採取等の事業〟〝畜産・養蚕・水産等の事業〟と定めています。

このことから、稲作をはじめ園芸・畜産・養蚕など一般的に農業といわれる事業所は適用除外になると考えられます。

しかし、労働基準監督署では「植物工場のような天候に左右されない事業所については、適用除外になるか否か実態により判断する」と言っています。具体的な基準は明らかにされていませんが、天候に左右されず、労災保険料率の業種区分も農業でなく食料品製造業等になっている事業所は、必要により労働基準監督署に確認してください。

少し余談になりますが、農業と同じように労働基準法の適用除外になる業種は天候の影響を大きく受ける水産業です。林業は、適用除外になりません。

●農業の適用除外は知られていない

知り合いの農業経営者がハローワークで求人の申し込みを断られました。理由は、「1日8時間を超えて働かせている御社の労働時間は労働基準法違反となるので受付できない」と言われたそうです（このハローワークへは当方から苦言を申し上げ改善していただきました）。このように労働関係機関や農業関係者、さらには私どもと同業の労務コンサルタントさえも、農業の適用除外を知らない人がけっこういます。

適用除外が知られていない要因は、農業労働者がきわめて少ないことです。なんと、農業労働者は、民間事業所で働く労働者のわずか0・3％弱です（「2020年農業センサス」の常雇い数15万6777人を、「2021年経済センサス」の民営事業所常用雇用者数5794万9915人で割って算出すると、0・00271になります）。

変な話ですが、農業経営者の皆さんが適用除外の法的根拠を説明しなければならない場合があります。そのような場合には、「農業は、労働基準法第41条により労働時間・休憩・休日の規定は適用除外になっています」と、

はっきり言ってください。

従業員にも理解してもらう

農業では、従業員に働いてもらう労働条件について法律でどのように規定されているのか、説明されることはほとんどありませんでした。もっとも、農業は労働条件の基本となる労働時間・休憩・休日が労働基準法の適用除外になっていますので、説明のしようがないともいえます。

そのため、農業経営者が法律を知らないまま従業員を雇用し、他産業の労働条件で雇用契約を結び、トラブルの原因になることがありました。

農業が労働基準法の適用除外となっていることを上手に活用することで、経営者の望む姿に労働条件を設定することが可能になります。そして、従業員にも「当社は労働基準法の適用除外である」ことを説明し、理解したうえで働いてもらうことがトラブルの防止になります。

なお、すでに雇用している従業員に対して雇用契約等の労働条件を変更する場合は、必ず従業員の同意を得て進めてください。

2 最低限行なわねばならない労務管理の要点

ここでは、農業でも最低限行なわなければならない、法律で使用者に義務づけている労務管理の要点を説明していきます。

働き方改革関連法で農業にも適用されたこと

働き方改革は「働く方々が、個々の事情に応じた多様で柔軟な働き方を、自分で選択できるようにするための改革」という説明が政府からされています。

改革の主要なポイントは「長時間労働の是正」と「同一労働同一賃金」です。それによって、働き方改革関連法といわれる①労働基準法、②じん肺法、③雇用対策法、④労働安全衛生法、⑤労働者派遣法、⑥労働時間設定改善法、⑦パートタイム・有期雇用労働法、⑧労働契約法の８つの法律が改正されました。

農業に関係する働き方改革関連法の内容は、概ね次のとおりです。

表3　年次有給休暇管理簿（例）

氏名：	基準日・有効期間	年　月　日から	付与日数	前年度繰越分	日	計	日
入社年月日：　年　月　日		年　月　日まで		今年度分	日		

年次有給休暇 取得年月日	使用日数	残日数	申請月日	所属長㊞
自　年　月　日　～　至　年　月　日				
年　月　日　～　年　月　日	日	日	／	
年　月　日　～　年　月　日	日	日	／	
年　月　日　～　年　月　日	日	日	／	
年　月　日　～　年　月　日	日	日	／	
年　月　日　～　年　月　日	日	日	／	
年　月　日　～　年　月　日	日	日	／	
年　月　日　～　年　月　日	日	日	／	

（1）年5日の有休取得の義務化

年次有給休暇（年休）は、入社から6カ月以上勤務し、その期間の全労働日の8割以上出勤していれば労働者に10日の有休を付与する制度です。以前は、労働者から「有休を取らせてください」という申出がなければ、まったく付与しなくても違法ではありませんでした。

しかし、労働基準法の改正により、当年の有休付与日数が10日以上ある労働者には、付与日から1年以内に使用者が希望を聞き、年5日は時季を指定して有休を取らせることが義務づけされました。5日取得させなければ、労働基準法第39条7項の違反となるため、労働基準監督官から是正勧告を受け、罰金30万円を科せられる可能性があります。

また、【表3】のような年次有給休暇管理簿を作成し、3年間保存することも義務づけられました。

（2）労働時間の把握義務

労働安全衛生法第66条の8の3では、労働者の健康管理の観点から労働時間を客観的・適切な方法で把握することが義務づけられました。

労働時間の把握は、①タイムカードによる記録、②パソコンなどの電子機器の使用時間の記録、③その他の適切な方法とされています。

農業法人ではタイムカードが一般的ですが、使用者が労働者の始業・終業時刻を手書きで記録する出勤簿も認められています。なお、タイムカードまたは出勤簿は、5年間保存が義務づけられています（出勤簿の例は46

図1　長時間労働者への通知文（例）

令和　年　月　日

殿

株式会社　○○農園
代表取締役　○○○○　　㊞

総労働時間の通知

貴殿の令和　年　月の総労働時間が、　　時間になりましたので通知します。
疲労の蓄積など健康に心配なことがありましたら、農場長に申し出てください。
（※希望がありましたら、医師の面接指導を実施します。）

＊長時間労働者からの申出があれば、医師の面接指導を受けさせなければなりません。医師の面接は、各地域の産業保健センターを利用すると無料で実施してもらえます。

表4　従業員へ通知が必要となる１カ月当たりの総労働時間

月暦日数	月総労働時間数
31日	257.1時間（257時間6分）＊
30日	251.4時間（251時間24分）
29日	245.7時間（245時間42分）
28日	240.0時間

＊31日まである月に、総労働時間が257時間6分を超えた場合には、従業員に通知する義務があります。たとえば、1日10時間労働で26日働いたとしたら260時間になり、通知が必要になります。

ページをご覧ください）。

（３）月の基準労働時間を超えた人への通知義務

また、同法（第66条の８の１）では、医師面接させることも目的に、1カ月の基準労働時間を超えた労働者には通知することが義務づけられました（【図1】は通知例）。

農業の場合は、労働時間に関する労働基準法の規定は適用除外になっていますが、この通知義務は農業にも適用されるので注意が必要です。労働基準監督官も、この通知がされていなければ農業であっても是正勧告すると言っています。

労働時間の通知が必要となるのは「週40時間を超える労働が、月80時間を超えた場合」です。80時間超となる労働時間は、次の計算式によって規定されています。

1カ月の総労働時間数（所定労働時間数＋時間外労働時間数）－（1カ月の総暦日数÷7）×40時間

他産業では「法定労働時間外の残業が80時間を超えたら通知する」と説明していますが、農業には法定労働時間がないので、【表4】の1カ月総労働時間を基準にしてください。

（４）同一労働同一賃金における説明義務

一方、「パートタイム・有期雇用労働法」の改正では、正社員と非正規社員の待遇に不合理な差をつけることが禁止されました。また、非正規社員から正社員との待遇差の内容や理由を聞かれた場合には説明する義務も課せられています。

パートタイマーやアルバイトだから正社員より給与が低いという理由は通じなくなりました。正社員と非正規社員で給与差があれば、合理的な説明ができるようにしておく必要があります。

とくに通勤手当など、手当に差がある場合は対応が必要です。知り合いの農家では勤務日数の少ないアルバイトにも日割りで通勤手当を支給するようにしました。

表5 「同一労働同一賃金ガイドラインの概要」で示している正社員と非正規社員の待遇

違いを認める	基本給	経験・能力、業績・成果などの違いで認める
	賞与	会社の業績への貢献度に応じて認める
違いを認めない	通勤手当	
	出張旅費	
	食事手当	
	慶弔休暇	

少しむずかしい話になりますが、非正規社員から待遇差の説明を求められたら、次のパートタイム・有期雇用労働法第８条で定められている①～④の４つの要素に基づいた説明が必要になります。

「……当該短時間・有期雇用労働者および通常の労働者の①業務内容および当該業務に伴う②責任の程度、当該職務の内容および③配置の変更の範囲、④その他の事情のうち、当該待遇の性質および当該待遇を行なう目的に照らして適切と認められるものを考慮して、不合理と認められる相違を設けてはならない」

▼農業での待遇差に関する説明のポイント

①業務内容の差異
　大型農機操作の有無、残業や休日・深夜労働の有無、休んだ人の業務対応の有無など

②責任の程度の差異
　生産高目標への責任の有無、トラブルへの対応の有無、管理する部下の有無など

③配置変更の差異
　業務や職種変更の有無、転勤や出向の有無など

④その他の事情
　正社員登用制度の有無、有為人材確保（正社員を厚遇することで有能な人材の獲得定着を図る）など

（５）農業にメリット大きい副業・兼業の促進

働き方改革のなかに「柔軟な働き方がしやすい環境整備」があり、その一環として副業・兼業（ダブルワーク）の促進が加わりました。

この政策により、休日にサラリーマンが農場で働くことが多くなってきました。地域によっては貴重な労働力になっています。副業・兼業の広がりの背景には、１日単位で農業バイトの求人ができるスマホアプリの普及があります（１日バイトの求人については34ページをご覧ください）

また、農業での副業・兼業の労働時間は、本業の会社での労働時間に「通算」されないという、厚生労働省の次の通達*も、農業を副業に選ぶ大きな要因になっています。

＊厚生労働省通達（基発０９０１第3号・令和2年9月1日）において「副業・兼業の場合における労働時間管理に係る労働基準法第38条第1項の解釈等について」次のいずれかに該当

する場合は、その時間は通算されない……農業・畜産業・養蚕業・水産業

▼農業は適用されない副業・兼業時間の通算

労働時間の通算についてより詳しく説明します。

1日8時間・週40時間労働の一般的な会社員が副業する場合には、本業と副業の労働時間が通算されるので、副業の仕事は時間外労働の扱いとなり、副業先が25％の割増賃金を支払わなければなりません。

実例をあげると、1日8時間労働の会社員が副業として夜3時間働いていた小売店がありました。あるとき労働基準監督署の調査で「割増賃金の支払いが必要」と指摘され、過去にさかのぼって副業者に25％の割増賃金分を支払ったと言います。

副業先が農業の場合は、本業に労働時間が通算されませんので割増賃金を支払う必要はありません。

一般的な会社員が1カ月に時間外労働として働ける時間は、複数月平均で1カ月80時間以内と労働基準法で決まっています。仮に、本業の会社で残業を60時間したら副業・兼業できる時間は20時間です。この場合（時間外労働60時間超）の割増賃金は50％にアップしますが、ここでも農業は労働時間が通算されませんので、この規定は適用されません。

▼農業の従業員は副業・兼業しやすい

反対に、農業の従業員のなかにも農閑期に副業・兼業する人が増えてきました。農業は労働時間が通算されませんから、副業・兼業先でも割増賃金が発生する心配がないので歓迎されることもあるのでしょう。

副業・兼業する従業員の目的は、所得の増加だと思われますが、「能力開発」や「教育訓練」の一面もあります。たとえば、スーパーやコンビニで副業すれば、接客や商品管理、在庫管理などの実務を学ぶ機会にもなります。厚生労働省の「副業・兼業の促進に関するガイドライン」でも、副業・兼業のメリットを次のように述べています。

【労働者側のメリット】

①離職せずとも別の仕事に就くことが可能となり、スキルや経験を得ることで、労働者が主体的にキャリアを形成することができる。

②本業の所得を活かして、自分がやりたいことに挑戦でき、自己実現を追求することができる。

③所得が増加する。
④本業を続けつつ、よりリスクの小さいかたちで将来の起業・転職に向けた準備ができる。

【企業側のメリット】

①労働者が社内では得られない知識・スキルを獲得することができる。
②労働者の自律性・自主性を促すことができる。
③優秀な人材の獲得・流出の防止ができ、競争力が向上する。
④労働者が社外から新たな知識・情報や人脈を入れることで、事業機会の拡大につながる。

(6) パワハラ防止法

パワハラ防止法(法律名は労働施策総合推進法)は、2020年4月に施行されました。働き方改革関連法ではありませんが、農業の労務管理にも大きな影響を与えています。

知り合いの米農家の話ですが、従業員を注意したら「パワハラだ!」と言われたので、以後はその従業員を無視しているそうです。業務指導としてミスを注意することはパワハラではありません。

表6 パワーハラスメントに該当すると考えられる例/しないと考えられる例

代表的な言動の6類型	該当すると考えられる例	該当しないと考えられる例
1 身体的な攻撃(暴行・傷害)	□殴打、足蹴りを行なう □相手に物を投げつける	□誤ってぶつかる
2 精神的な脅迫(名誉棄損・侮辱・ひどい暴言)	□人格を否定するような言動 □他の労働者の面前における大声での威圧的な叱責を繰り返し行なう	□遅刻等社会的ルールを欠いた言動が見られ、再三注意しても改善されない労働者に一定程度強く注意する
3 人間関係からの切り離し(隔離・仲間外し・無視)	□自身の意に沿わない労働者に対して、いつも別の圃場で一人仕事をさせる □一人の労働者に対して同僚が集団で無視し、孤立させる	□新規に採用した労働者を育成するために、短期集中的に別の圃場で指導を行なう
4 過大な要求(業務上不要なことや、遂行不可能なことの強制)	□新規採用者に対し、必要な教育を行わずにレベルの高い目標を課し、達成できないことに対し厳しく叱責する	□労働者を育成するために現状よりも少し高いレベルの業務を任せる
5 過小な要求(能力や経験とかけ離れた程度の低い仕事を命じる、仕事を与えない)	□気に入らない労働者に対して、嫌がらせのために仕事を与えない	□労働者の能力に応じて、一定程度業務内容や業務量を軽減する
6 個の侵害(私的なことに過度に立ち入る)	□労働者の性的指向や病歴等の機微な個人情報を、その労働者の了解を得ずに他の労働者に暴露する	□労働者への配慮を目的として、労働者の家族の状況等についてヒアリングを行なう

厚生労働省リーフレット「パワーハラスメントに該当すると考えられる例/しないと考えられる例」に基づき、著者が農業の現場に合わせて作成した

しかし、「無視する」ことは、パワハラに該当します。

パワハラは、職位の上の人が下の人に行なうことだと思われがちですが、それだけではありません。経験豊富なパート社員が、集団で特定の正社員の指示を聞かない・無視する・陰で悪口を言うといった行為はパワハラに該当します。また、同僚間のパワハラも発生しています。パート社員の多い農場で、派閥ができ、派閥に属さない人は仲間外れにするという事例もありました。

厚生労働省は、【表6】のようにパワハラを6類型に分類し、パワハラに該当すると考えられる例と、該当しないと考えられる例を示しています。

パワハラ防止法では事業主に、「パワハラを行なってはならない旨の方針」を明確化し、労働者に周知・啓発することを義務づけています。

労務相談
ここが聞きたいQ&A ①

就労時間の変更は可能？

Q 前著『農業・法人の労務管理』を読んで、農業は1日8時間の労働時間の規制がないことを知りました。レタスの収穫で忙しい6月から9月は、就労時間を1日9時間に変更したいと思います。どのように進めたらよいのでしょうか。

A 農業は、労働時間等については労働基準法の適用除外になっています。しかし、労働条件（労働時間など）を使用者が一方的に変更することはできません。労働契約法第8条で「労働者及び使用者は、その合意により、労働契約の内容である労働条件を変更することができる」と定めています。

アルバイトや季節労働者は、その期間が終了すると労働契約も終了するため、次年度に労働条件が変わっても問題ありません。問題となるのは、通年雇用している労働者です。

原則として本人の合意が必要になります。合意を得る手段としては、給与を上げて納得してもらうことが一般的です。また、農繁期の夏期に労働時間を長くした分、農閑期の冬期に労働時間を短くすることでも合意が得られると思います。

●8つの労務管理の項目について自己評価を

まず、皆さんの農場の実施状況を自己評価して、未実施や不完全な項目がないか把握してください。すべて実施していれば、仮に、労働基準監督署の調査があっても、大きな指摘はないはずです。自己評価は、「○→実施」「△→不完全」「×→未実施」を「評価」欄に記入するかたちで行ないます。

評価実施前に、よくある質問に答えておきますと、労務管理では個人事業と法人事業の間に基本的な違いはありません。法人だからしなければならない、個人だからしなくてもよいということはありません。ただし、労働・社会保険の加入義務は法人と個人で違いがあります。

では、次の（1）～（8）について自己評価を進めてください。

（1）労働条件を書面で明示している　評価：

使用者は、労働者に対して次の重要な労働条件を書面（労働条件通知書等）で明示して、労働契約を結ぶ（労働基準法第15条、労働契約法第4条）。……（　）内は根拠となる法律です。以下同じ。

①雇用契約の期間
②働く場所、仕事の内容
③始業および終業の時刻、残業の有無、休憩時間、休日、休暇等に関する事項
④賃金の決定、計算および支払いの方法、締め切り日、支払い日
⑤退職に関する事項（解雇の事由、定年年齢など）
（詳しくは40～42ページで説明しています）

（2）賃金支払いは適切である　評価：

①**最低賃金**……最低賃金額以上の賃金を支払う（最低賃金法第4条）。

農業に該当する最低賃金は、時給で都道府県ごとに定められています。都道府県労働局のサイトで公表されており、毎年10月に改定されます。

（詳しくは100～102ページで説明しています）

②**深夜割増賃金**……午後10時から翌日午前5時の間に労働させた場合は、農業においても通常賃金の2割5分（25％）以上の割増賃金を支払う必要がある（労働基準法第37条）。

③**賃金控除協定**……賃金から税金や社会保険料以外の

昼食代や農産物代金等を控除する場合は、労使協定（賃金控除協定書）が必要（労働基準法第24条）。

（3）労働時間を適正に把握・記録している　評価：

労働時間を客観的・適切な方法で把握し記録する（労働安全衛生法第66条の8の3）。

労働時間の把握は、タイムカードが一般的ですが、使用者が手書きで労働者の始業・終業時刻を記録する出勤簿も認められています。出勤簿またはタイムカードは、5年間保存が義務づけられています。

ちなみに、労働時間には朝礼や仕事の準備、後片付けの時間も含まれます。

（詳しくは60ページで説明しています）

（4）年次有給休暇を与えている　評価：

6カ月以上継続勤務し、全労働日の8割以上出勤した労働者（パートタイマーも含む）には、年次有給休暇を与える（労働基準法第39条）。

年10日以上の有休を付与される労働者には、年5日は時季を指定して有休を取得させる（39条7項）。

（詳しくは66ページで説明しています）

また、「年次有給休暇管理簿」を作成して3年間保管する。

（5）法定の書類を整備している　評価：

賃金台帳・出勤簿・労働者名簿（法定3帳簿）を作成し、5年間保存する（労働基準法第107条～109条）。法定3帳簿は、労働基準監督署の調査でも提出が求められます。

①**賃金台帳**……賃金計算の基となる帳簿

②**出勤簿**……労働時間を記録した帳簿（タイムカード可）

③**労働者名簿**……（労働基準法の前身の）旧工場法時代から存在する古参の帳簿

また、通年雇用の従業員には健康診断を受診させ、健康診断個人票を作成し5年間保存する（労働安全衛生法第66条、103条）。

（詳しくは41～48ページで説明しています）

（6）安全衛生教育を実施している　評価：

労働者を雇い入れたときや作業内容を変更したとき、使用者はその業務に関する安全または衛生のための教育を行なう（労働安全衛生法59条）。

農業には農業機械や農薬を使用するなど危険を伴う作業があります。教育すべき主な内容は以下のとおりです。

①機械・原材料等の危険性・有害性および取扱方法
②安全装置・有害物制御装置または保護具の性能および取扱方法
③作業手順
④作業開始時の点検
⑤業務に関連して発生するおそれのある疾病の原因および予防
⑥整理・整頓および清潔の保持
⑦事故時等における応急措置
⑧その他、自己の健康管理の重要性など

農業機械の使い方の基本は「取扱説明書」に書いてあります。また、独立行政法人「農作業安全情報センター」のサイトにはいろいろな農業機械の操作ポイントが写真や図入りで紹介されており、安全教育のテキストとして活用できます。

表7　労働者数・事業形態からみた法定の労務管理項目

労働者数＼項目		(1)労働条件明示	(2)賃金支払い	(3)労働時間記録	(4)年次有給休暇	(5)法定書類	(6)安全衛生教育	(7)就業規則	(8)保険への加入			
									労働保険		社会保険	
									労災保険	雇用保険	厚生年金保険	健康保険
個人事業所	1人以上～5人未満	■	■	■	■	■	■	□	□	□	□	□
	5人以上～10人未満	■	■	■	■	■	■	□	■	■	□	□
	10人以上	■	■	■	■	■	■	■	■	■	□	□
法人事業所	1人以上～10人未満	■	■	■	■	■	■	□	■	■	■	■
	10人以上	■	■	■	■	■	■	■	■	■	■	■

＊網かけ部分は必須、白い部分は任意

労務相談
ここが聞きたいQ&A ②

正社員とアルバイトの待遇差を聞かれたら

Q 正社員2人、非正規社員（アルバイト）3人を雇っている果樹農家です。給与は基本給と通勤手当です。通勤手当は距離で支払っているので待遇差はありませんが、基本給には差をつけています。正社員とアルバイトでは、仕事の内容や責任が違うからです。アルバイトから基本給の差について聞かれたら、合理的に説明できる方法はありますか。

A 正社員と非正規社員の基本給の差が妥当であるかを調べる方法があります。これは「職務評価」という方法で、社員の職務（役割）の大きさを測定する手法です。厚生労働省のサイト（「職務評価を用いた基本給の点検・検討マニュアル」「職務（役割）評価ツール」）でも紹介されています。

では、簡単な職務評価を行なってみましょう。【表8】の職務評価表で正職員と、その正社員と近い仕事をしている非正規社員を5段階（5…そのとおり、4…やや近い、3…普通、2…やや異なる、1…異なる）で評価してみてください。正社員の評価が5に近く、非正規社員の評価が1に近い場合は、基本給の差が大きくても合理性があるといえます。

逆に、各評価項目にほとんど差がない場合は、基本給の待遇差に合理性がないことになり、非正規社員の基本給を見直す必要があるといえます。

表8　正社員と非正規社員の職務評価表

評価項目	内　容	評価	
		正社員	非正規
①人材代替性	代わりの人材を採用するのがむずかしい仕事		
②革新性	現在の手法とは異なるやり方が求められる仕事		
③専門性	仕事を進めるうえで特殊なスキルや技術が必要な仕事		
④裁量性	経営者に代わって判断することがある仕事		
⑤対人関係（社外）	社外との交渉・折衝業務が多い仕事		
⑥対人関係（社内）	社内で調整作業が多い仕事		
⑦問題解決の困難度	既存の方法だけでは問題解決できない仕事		
⑧経営への影響度	経営への影響度が大きい仕事		

※評価　5点…そのとおり、4点…やや近い、3点…普通、2点…やや異なる、1点…異なる

大きな労災事故が発生した農場の事業主を、労働基準監督署が必要な安全教育を行なわなかったとして、書類送検した事例があります。

(7) 就業規則を備えている　評価：

常時10人以上の労働者を雇っている使用者は、就業規則を作成し、労働基準監督署に届け出る（労働基準法89条）。

就業規則とは、労働条件や職場内の規則等について使用者が作成する職場のルールブックです。

労働者が10人未満であっても、職場の秩序を保ち、無用なトラブルを防ぎ、従業員の定着化を図るためにも就業規則の作成が望まれます。

（詳しくは56～59ページで説明しています）

(8) 加入義務のある労働保険・社会保険に入っている　評価：

人を雇ったときに加入する義務のある公的保険には、労働保険（労災保険・雇用保険）と社会保険（健康保険・厚生年金保険）とがあります。

個人事業と法人事業では次のように加入義務が異なっています。

①労働保険は、個人事業では従業員が5人以上いると加入義務があります。法人事業は1人でも加入義務があります。

②社会保険は、個人事業では従業員数による加入義務はありません。法人事業は1人でも加入義務があります。

（詳しくは116～130ページで説明しています）

● 8項目の自己評価を表にまとめる

以上、説明した労務管理項目を、労働者数と事業形態（個人・法人）別に整理しますと、28ページの【表7】になります。皆さんの自己評価結果を記入してください。必須となっている項目で未実施や不完全がありましたら、本書を参考に改善してください。

労務管理を適切に行なうことは経営発展の基礎になります。

ここからは、皆さんの労務課題や関心のあるテーマを先に読まれてもかまいません。途中から読まれても理解しやすいように、なるべく「先に説明しましたように」としないで繰り返し説明しています。

労務相談
ここが聞きたいQ&A ③

学生は労働法をどの程度知っているの?「労働法○×クイズ」に挑戦

Q アルバイトで雇った学生から、「労働条件通知書をください」と言われました。また、残業はあるのか、その場合の割増賃金はいくらかなど聞かれました。いまの学生は、労働法の勉強をしているのでしょうか。

A 厚生労働省では、学生や若者向けの労働法ハンドブック「知って役立つ労働法〜働くときに必要な基礎知識〜」や「これってあり?〜まんが知って役立つ労働法Q&A」を作成して各学校へ配布したり、ホームページでも公開しています。また、社会保険労務士会でも無料の出前授業で、高校や専門学校、大学で労働法の説明を行なっています。インターネットでも労働法・労働問題の情報は数多くあるので、今の若者の労務知識のレベルは高いといえます。

【表9】の労働法○×クイズは、厚生労働省のリーフレット「就職・アルバイトを始める前に知っておきたい！労働法クイズ」から著者が農業の現場に合わせて作成したものです。

著者が講師を務める県農業大学校の学生は、約半数が全問正解しました。読者の皆さんも、農場のアルバイトから次の質問があったとして、○×でお答えください。

表9　労働法○×クイズ

質問	○か×か
①アルバイトの募集広告を見ました。このアルバイトの時給は1000円で研修中は900円みたいです。県の最低賃金は950円ですが、研修中はいろいろ教えてもらうんだから時給が低くてもしょうがないですよね。　○か×か	
②農場長に言われて仕事の準備や片付けをしていますが、本来の仕事以外の業務については、アルバイト代は払わないことになっていると言われました。でも農場のために働いたんだからアルバイト代はもらえますよね。　○か×か	
③収穫中に誤って高価なブドウを落としてしまいました。月末のアルバイト代から勝手に弁償金を差し引かれてましたが、高価なブドウを落としてしまった自分が悪いので、しょうがないですよね。　○か×か	
④タイムカードに記録された時間のうち、15分未満が切り捨てられてアルバイト代の計算がされています。短時間でもちゃんと働いていることに違いはないのだから、アルバイト代の計算に入れるべきですよね。　○か×か	
⑤アルバイト先には「遅刻をしたら罰金3000円」というルールがあります。遅刻をした分の時給が支払われないのは納得していますが、やっぱり遅刻した自分が悪いんで「罰金」も払わなければいけないんですよね。　○か×か	
⑥週末に1日7時間働いています。いつも忙しくて、休憩が15分くらいしか取れていません。農場のみんなも忙しくて休憩を取れていないので、私も休憩が取れなくてもしかたないですよね。　○か×か	

答えは32ページ

表9の答え

〈労働法○×クイズの正解と解説〉

①×…研修中であっても労働者に該当するので、最低賃金を払う必要があります（最低賃金法第4条1項、2項）。〈詳しくは26、100ページをご覧ください〉

②○…使用者の指揮命令下に置かれる時間はすべて労働時間。準備や後片付けの時間も含まれます（労働時間の適正な把握のために使用者が講ずべき措置に関するガイドライン・厚生労働省）。〈詳しくは26、60ページをご覧ください〉

③×…賃金は、その全額を支払わなければならないと規定しています（労働基準法第24条）。賃金（給与）から弁償金を差し引くと、全額を支払ったことになりませんので認められません。

④○…（法律根拠は前問の③と同じ）賃金は、その全額を支払わなければならないと規定しています（労働基準法第24条）。全額とは、たとえ1分であっても切り捨てないことも意味しています。

⑤×…労働契約の不履行について違約金を定め、または損害賠償額を予定する契約をしてはならないと規定しています（労働基準法第16条）。そのため、罰金制度は禁止されています。

⑥○…他産業なら、1日7時間労働の場合は45分の休憩が必要（労働基準法第16条）になりますが、農業はこの休憩の規定は適用除外になっています（労働基準法第41条）。ただし、休憩を与えないことは労働者の健康管理や安全配慮義務からは問題です。そのように考えた人は、×で正解。

第1章　募集から採用まで

1 募集方法

●人材確保のために多様な方法で募集

従業員募集の方法はいろいろありますが、優秀な人材を探すためにはひとつの方法だけでなく、次に紹介するようないろいろな機関や手段で募集活動をすることです。

近年では、早急に労働力が必要になったときには、スマートフォンのアプリを使って1日単位のアルバイトを募集する農業経営者が増えています。

(1) スマホアプリを使った1日単位の雇用

スマートフォンの求人アプリを使って、1日または時間単位でのアルバイト募集が急拡大しています。

農業専門の求人アプリでは「デイワーク(daywork)」や「ノウマーズ(農mers)」があり、デイワークはJAでも利用を勧めています。飲食店や小売業など、他産業向けの一般的な求人アプリも複数あり、「タイミー」はテレビ広告もしています。もちろん、一般的な求人アプリで農業求人もしてくれます。

ただし、一般的な求人アプリの場合は、マッチングが成立すると30%前後の仲介手数料を支払うことになります。農業専門の求人アプリは、無料もしくは安価な手数料設定になっています。

農業求人アプリでの求職者は、20~40代の方が多いようです。なかにはフリーターの方もいますが、求職者の約4割は別の本業を持っているというデータもあります。要するに、他産業の会社員が休日に副業として農場で働くという方が多くなっているのです。

じつは、農業は会社員の副業に適しているという法的な理由があります。それは、「農業・畜産業・養蚕業・水産業については、労働時間は通算されない」と通達が出ているからです。

この通達により、本業の労働時間に関係なく農業では副業ができることになっています。

(副業・兼業通達は22~23ページで説明しています)

(2) シルバー人材センター

シルバー人材センターは60歳以上の人が登録していますが、現役世代と変わりなく仕事ができる人も多くいます。農業の現場でも貴重な人材として注目されています。

派遣だけでなく請負でも仕事を受けてくれるので、農繁期だけお願いすることももちろん可能です。稲作では田植えや水管理、稲刈り、果樹では摘果や葉摘み、収穫など人手のいる作業で活躍しています。

また、シルバー人材センターで団体保険制度に加入していますので、労災保険に加入していない個人農家でも安心して仕事の依頼ができます。

作業を依頼する場合は、半年くらい前に申し込みして

労務相談

ここが聞きたいQ&A ④

シルバー人材センターを活用したい

Q 農業でシルバー人材センターをうまく活用している事例があったら教えてください。

A 長野県の安曇野北穂高農業生産組合は、水稲を中心に約150haの農業経営に取り組み、健全経営を続けています。約10名の正職員を中心に、田植えや稲刈り時にはほぼ同数のシルバー人材が活躍します。

同組合では、10年以上前から地元のシルバー人材センターを利用しており、中村明夫組合長は「シルバー人材が活躍してくれるので、少人数の正職員で運営できている」と言います。さらに、シルバー人材活用のメリットを次のように述べています。

①時間のかかる水田の「水見」（水の管理）をシルバー人材にお願いしているので、職員の週労働時間は他産業と同じく週40時間を下回っている。

②職員とシルバーのコラボ（共同作業）で相乗効果を発揮している。職員は大型農業機械のオペレーターを行ない、シルバーはその補助を行なってもらう。

③地域の雇用につながり、生産組合と地域の一体感が増す。

④労働・社会保険料の心配がなく、忙しい期間だけスポット的に働いてもらえる。

⑤料金は、最低賃金や地域の実態賃金をベースに決められており納得感がある。

ほしいとシルバー人材センター事務局で言っています。早く申し込むほど、人員の調整ができ、仕事の依頼を受けていただけるようです。「全国シルバー人材センター事業協会」のサイトには、事業内容や各地域シルバー人材センターの所在地や連絡先等が掲載されています。

(3) 特定技能外国人

特定技能外国人は、日本人の農業労働者と同じように労働基準法の労働時間等が適用除外になります(外国人技能実習生には、労働基準法の適用除外はありません)。

また、特定技能制度では、農業には労働者派遣が認められており、農繁期だけ派遣社員として働いてもらえる制度もあります。

特定技能外国人は、これからの農業労働力として一段と注目されています(詳細は135ページ)。

(4) ハローワーク

ハローワークの求人は、オンラインが主流です。事業主は求人者マイページを開設し、そこで求人の管理ができます。アルバイト・正社員の求人が可能です。

マイページには自由記入欄がありますので、農場の魅力を入れた求人アピールができます。また、画像登録もできますので、農場での作業風景や農産物も載せられます。マイページは、まさに「ゼロ円求人」で驚くべき成果を発揮する可能性があるツールです。

また、求職情報を検索できますので、自社求人に応募してほしい人にメッセージを送付することもできます。

(5) 新規就農相談センター

新規就農相談センターは、全国新規就農相談センター(全国農業会議所内)と都道府県にも設置されている新規就農に関する相談窓口です。

ここへ求人登録しておくと、全国的に就農希望者とマッチングする機会があります。

また、全国各地で就農相談会(新・農業人フェア)を開催しているので、農業経営者が就農希望者に直接アプローチできる機会もあります。

「全国新規就農相談センター」サイトに詳細が紹介されています。

(6) 学校からの紹介

農業関係等の学校に求人を出す方法です。特に注目し

郵便はがき

おそれいります
が切手をはって
お出し下さい

3350022

(受取人)
埼玉県戸田市上戸田
2丁目2-2

農 文 協
読者カード係 行

◎ このカードは当会の今後の刊行計画及び、新刊等の案内に役だたせて
いただきたいと思います。　　　　はじめての方は○印を（　　）

ご住所　　　（〒　　－　　） TEL： FAX：	
お名前　　　男・女　　歳	
E-mail：	
ご職業　公務員・会社員・自営業・自由業・主婦・農漁業・教職員（大学・短大・高校・中学・小学・他）研究生・学生・団体職員・その他（　　）	
お勤め先・学校名	日頃ご覧の新聞・雑誌名

※この葉書にお書きいただいた個人情報は、新刊案内や見本誌送付、ご注文品の配送、確認等の連絡のために使用し、その目的以外での利用はいたしません。

● ご感想をインターネット等で紹介させていただく場合がございます。ご了承下さい。

● 送料無料・農文協以外の書籍も注文できる会員制通販書店「田舎の本屋さん」入会募集中！
案内進呈します。　希望□

■毎月抽選で10名様に見本誌を1冊進呈■（ご希望の雑誌名ひとつに○を）

①現代農業　②季刊 地 域　③うかたま

お客様コード □□□□□□□□□□

お買上げの本

■ご購入いただいた書店（　　　　　　　　書店）

●本書についてご感想など

●今後の出版物についてのご希望など

この本をお求めの動機	広告を見て（紙・誌名）	書店で見て	書評を見て（紙・誌名）	インターネットを見て	知人・先生のすすめで	図書館で見て

◇ 新規注文書 ◇　　郵送ご希望の場合、送料をご負担いただきます。

購入希望の図書がありましたら、下記へご記入下さい。お支払いはCVS・郵便振替でお願いします。

（書名）	（定価）¥	（部数）　部
（書名）	（定価）¥	（部数）　部

たいのは、道府県立農業大学校です。

非農家出身の学生が全国平均で約6割と年々増加傾向になっています。そのため自営ではなく農業法人等への就職希望者が増えています。実際、卒業生が就農した先は、農業法人などの「雇用就農」が、実家の農業に従事する「自営就農」を上回っています。

農業を職業にする目的で入学しているので、農業に対する意識も高く、授業内容は実習が多いこともあり即戦力としても期待できます。

●農業経験の少ない人の募集に使える制度

農業は、見るのとやるのでは大きな違いがあります。炎天下での農作業や畜舎での作業は、実際やってみて大変さがわかるものです。農業経験のない人を雇っても、「思っていたのと違う」とすぐに辞められてしまうことがよくあります。

こうしたミスマッチを予防し、農業経験がない人の募集をしやすくする制度があります。

(1) 農業インターンシップ

日本農業法人協会が事業主体となり、農業経験の少ない就農希望者が農業法人等でインターンシップ(就業体験)を行なうことにより、農業法人等への就業後、農業の知識や経験不足による早期離職のミスマッチを防ぐことを目的に、農林水産省の補助を受けて実施されています。

体験受入先には、1体験者当たり受入期間に応じて2～4日は8000円、5～7日は1万5000円、8～14日は1万7000円、15～28日は2万円、29～42日は2万8000円の受入助成金が支給されます。なお、通いで体験を行なった場合の休日は、受入期間の対象日とはなりません。農業インターンシップ事業の実施要領は、日本農業法人協会のサイトに掲載されています。

(2) トライアル雇用(試行雇用奨励金)

ハローワークの紹介によって就職困難な求職者を短期間(原則3カ月)の試用期間を設けて雇用し、業務遂行能力などを見極める場合に月4万円の奨励金が最長3カ月間支給されます。

その後、会社側と労働者側が相互に適性を判断し、両者が合意すれば本採用になるという制度です。ハローワークでの求人の際に検討してください。

(3) 雇用就農資金

農業の雇用確保やこれからの農業を担う人材育成の制度です。農業法人(個人でも可)が、農業経験の少ない新入社員に対して、農業技術や経営ノウハウなどを研修させると、月5万円の助成金を最長4年間受けることができます。農林水産省の雇用助成事業で、全国農業会議所が実施しています(詳しくは138〜141ページで説明しています)。

2 面接、採用諸手続き

従業員として採用するか否かを判断することは大変なことです。履歴書の応募動機や、知人からの紹介の場合は知人の評価も参考になりますが、やはり個人面接で経営者が直接本人を見極めることが一番です。面接のポイントおよびその後の採用手続きは次のようになります。

●個人面接の実施

面接の前には【表10】を参考に、聞く内容をあらかじめ整理しておきましょう。なるべく相手にしゃべらせるように進めてください。

●採用の可否通知

以前は文書で採用・不採用を通知していましたが、最近はメールや電話も多いようです。なお、不採用者へも、失礼がないように通知しておきましょう(農産物のお客様になるかもしれません)。

表10 面接の進め方と主な内容

項目	主な内容
①面接担当者の自己紹介	まず、面接に来てくれたことに礼を言う。緊張を解くための雑談や(例:道に迷わずに来られたか、好きな果物など)、面接者の自己紹介と農場の説明。
②当社に応募した動機	応募した理由を聞く(農業をやりたいからか、通勤に便利など)。応募動機を掘り下げるため、農場の話を補足して会話を深める。
③今までの仕事の内容	過去の具体的な仕事の内容を聞くなかで、農業で求められる体力・忍耐強さなどを判断する(新卒の場合は、部活動やアルバイトの経験から)。
④転職の理由	何が原因だったのか。転職の経緯を確かめる。自農場でも早期退職にならないか推察する。
⑤当社の待遇・勤務内容	給与や勤務時間、休日、休憩、農繁期の対応等を説明する。きつい農作業の例をあげて、仕事の大変なところも率直に話す。
⑥将来の希望	独立を目指すのか、定年まで働きたいのかなどを聞く。雇いたい人材の場合は、将来の希望への支援の話もする。
⑦逆に質問を聞く	「疑問や不安なことはありますか」と、応募者から質問を受ける。
⑧農場の案内・作業環境確認	実際に農場や作業場を案内し、作業環境や仕事内容の確認を行なう。

採用決定者には、次の節で説明する「労働条件通知書・雇用契約書」を入社日前に交付する必要があります。

●身元保証書

身元保証書は、従業員の行為により会社が受けた損害を身元保証人が賠償することを約束したものです。身元保証書により、身元保証人に迷惑をかけないようにしたい、と本人が自覚するという副次的効果もあります。

２０２０年の民法改正により、身元保証人が賠償する金額を明示することになりました。身元保証書に賠償責任を負うことになったときの上限額（たとえば１００万円）を記載しなければ、その契約自体が無効になります。

労務相談 ここが聞きたいQ&A ⑤

「辞めない人」を採用する秘訣は

Q 農業法人の経営者ですが、すぐに退職する人が多くて困っています。辞めない人を採用するにはどうしたらいいでしょうか。

A 定着率の悪い農業法人は「辞めない人」を採用するというより、まず「辞めたくない職場」づくりに取り組む必要がありそうです。辞める原因をすべて従業員に押しつけることはできません。

辞めたくない職場づくりは、従業員満足度を高めることです。業績向上にもつながります。従業員の満足度を高めるには、次のような取り組みが大切です。

①労働時間・休日また賃金は雇用契約書どおりにする（事前に説明して、納得のうえ入社）。
②農作業や技術の習得指導をする。
③社内の人間関係を良好にする。
④事故防止のための安全対策や衛生管理をする。
⑤売上高または収穫量等経営の成果を共有する。
⑥中・長期的な事業目標を設定する。
⑦独立就農を支援する。
⑧人事評価を行なう（仕事や能力を評価）。

保証期間は最大5年間です。更新するときは更新書を作成します。ただし、5年間まじめに働いている従業員については、会計担当でもなければ更新しないのが一般的です。

3 労働条件通知書と雇用契約書

入社前に、経営者が採用予定者に交付するものとして「労働条件通知書」と「雇用契約書」があります。なお、雇用契約書は、労働契約書ともいわれます（42ページ参照）。

ところで、「労働条件通知書」と「雇用契約書」の内容はほぼ同じです。「労働条件通知書」で働くときの条件等を提示し、「その内容でいいよ」という労使の合意を明確にするためお互いが署名して「雇用契約書」を作成します。なお、労働基準法第15条で作成が義務づけられているのは「労働条件通知書」までです。アルバイトなどの有期雇用は、労働条件通知書のみが多いです。正社員の場合は、長く働いてもらうのだから、相手に署名してもらい「雇用契約書」にするのが一般的です。

次の「面接から雇用契約までの流れ」で、それぞれの文書の役割がわかると思います。

●面接から雇用契約までの流れ

（1）採用面接等で、仕事の内容や給与、始業・終業時刻など労働条件を説明します。

↓

（2）採用予定者が決定したら、

↓

（3）事業主から採用予定者へ「労働条件通知書」で具体的労働条件を伝えます。

その際には書面で伝えることがポイントです。雇用契約期間や仕事の内容など重要な事項は労働基準法第15条により、書面で行なうことになっています。

〈書面（労働条件通知書等）で伝える事項〉

①雇用契約の期間

②就業場所、業務内容

２０２４年4月から労働基準法施行規則が改正され、就業場所と業務内容については、「雇い入れ直後」と「変更の範囲」を分けて明示することになりました。小規模な農場で、転勤や仕事の内容に変更がなければ「変更の範囲」へ、『変更なし』または

『雇い入れ直後の従事すべき業務と同じ』と記述すれば問題ありません。（43ページの【図3】を参照）

③始業および終業の時刻、残業の有無、休憩時間、休日、休暇等に関する事項

④賃金の決定、計算および支払いの方法、締め切り日、支払い日

⑤退職に関する事項（解雇の事由、定年年齢など）

＊パートタイム労働者に対しては、「昇給の有無」「退職手当の有無」「賞与の有無」「雇用管理の改善等に関する事項に係る相談窓口」についても、書面での明示が必要です（パートタイム・有期雇用労働法第６条）。

（4）「雇用契約書」への署名押印

採用予定者が「労働条件通知書」の内容を確認したら、今度は同じ内容の「雇用契約書」へ事業主と採用予定者が署名押印して労働契約成立になります。雇用契約書は、2部作成し、それぞれで保管しておくのが通例です。

●小規模経営者は「労働条件通知書兼雇用契約書」でもよい

小規模経営者には両方の文書を集約した「労働条件通知書兼雇用契約書」（【図2】参照）を勧めています。労働条件を書面で取り交わすことで、「言った、言わない」という労使間のトラブルを防ぐことができます。

4 法定の重要書類

●必ず作成しなければならない「法定3帳簿」

従業員を雇うと、必ず作成しなければならない書類があります。そのなかでも、労働者名簿・賃金台帳・出勤簿（タイムカードで可）のことを「法定3帳簿」と呼んでいます（【図4】～【図6】参照）。労働基準法第107条～109条で、法定3帳簿の整備と5年間（当面の間は3年間）の保存を義務づけています。

「**労働者名簿**」に記載すべき事項は次のとおりです。

①氏名、②生年月日、③履歴、④性別、⑤住所、⑥従事する業務の種類、⑦雇い入れの年月日、⑧退職（解雇）の年月日とその事由、⑨死亡の年月日とその原因

「**賃金台帳**」に記載すべき事項は次のとおりです。

①氏名、②性別、③賃金計算期間、④労働日数、⑤

労働条件通知書 兼 雇用契約書

年　　月　　日

所在地
事業場名称
事業主　　　　㊞

＿＿＿＿＿＿＿＿＿＿＿＿＿殿

雇用期間	年　月　日～期間の定めなし
就業の場所	(雇い入れ直後) ○○農場　(変更の範囲) □□県内の当社農場
従事すべき業務の内容	(雇い入れ直後) 1.農作業全般　2.農作物などの運搬業務 (変更の範囲) 1.農作業全般　2.農作物などの運搬業務　3.農産物加工業務
始業・終業時刻 休憩時間 所定労働時間	Ⅰ型 (4月～11月) 始業　8時00分、　終業　18時00分 休憩時間　10時00分～10時15分 12時00分～13時00分 15時00分～15時15分 所定労働時間は、8時間30分とする。 Ⅱ型 (12月～3月) 始業　8時30分、　終業　17時00分 休憩時間　12時00分～13時00分 所定労働時間は、7時間30分とする。 *始業・終業時刻・休憩時間は、業務の都合により繰り上げ・繰り下げする場合がある
所定時間外労働	あり　・　なし
休日労働	あり　・　なし
休日	年間　日 (勤務表で定める)
年次有給休暇	法定の年次有給休暇
賃金	基本給：　月給　・　日給　・　時給　円
	通勤手当：　円、　○○手当：　円
	所定外労働の割増率　時間外：　%、休日：　%、深夜：　25%
賃金締切日・支払日	賃金締切日　毎月　日　賃金支払日　当月・翌月　日
賃金の支払方法	指定口座に振込み　・　現金
退職に関する事項	自己都合により退職する場合：退職する 30 日前に届け出ること 解雇：就業規則第　条、第　条に定める通り
昇給	あり (就業規則第　条による)
退職手当	なし
賞与	あり：会社の経営状況および勤務成績を勘案して支給することがある
試用期間	あり：○カ月間　・　なし
労働・社会保険	雇用保険の適用　あり・なし、　厚生年金保険・健康保険の加入　あり・なし

以上のほかは、当社就業規則による。就業規則を確認できる場所 (　　　　)
上記労働条件を確認し、契約を致します。
住所
氏名　　　　㊞

図2　労働条件通知書 兼 雇用契約書 (例)

（アルバイト、季節雇用者用）

労働条件通知書

年　　月　　日

＿＿＿＿＿＿＿＿＿＿＿＿＿＿殿

所在地
事業場名称
事業主　　　　　　　　㊞

雇用期間	年　月　日 ～　　年　月　日迄
契約更新等について	1.契約の更新：　あり（以下の基準により更新することがある）・　なし ①契約期間満了時の業務量 ②勤務成績・勤務態度・能力 ③農場の経営状況 2.更新上限の有無：　あり（更新　回まで／通算契約期間　年まで）・　なし
就業の場所	（雇い入れ直後）事業主の農場および作業場　（変更の範囲）変更なし
従事すべき業務の内容	（雇い入れ直後）　1.農作業全般　2.農作物などの運搬業務 （変更の範囲）　1.農作業全般　2.農作物などの運搬業務
始業・終業時刻 休憩時間 所定労働時間	始業　時　分、　終業　時　分 休憩時間　時　分～　時　分 時　分～　時　分 時　分～　時　分 所定労働時間は、　時間　分とする。 *始業･終業時刻･休憩時間は､業務の都合により繰り上げ･繰り下げする場合がある
所定時間外労働	あり　・　なし
休日労働	あり　・　なし
休日	勤務表で定める
年次有給休暇	法定の年次有給休暇
賃金	基本給：月給　・　日給　・　時給　　円　　通勤手当：　円 所定外労働の割増率　　時間外：　%、休日：　%、深夜：　25%
賃金締切日・支払日	賃金締切日　毎月　日　　賃金支払日　当月　・　翌月　日
賃金の支払方法	指定口座に振込み　・　現金
退職に関する事項	自己都合により退職する場合：　退職する 30 日前に届け出ること
解雇の事由	①身体または精神の障害等によって、業務に耐えられないとき ②勤怠状況が著しく不良で、改善の見込みがないとき ③業務効率が著しく不良で、向上の見込みがないとき ④正当な理由なく業務命令に従わないとき ⑤その他前各号に準ずるやむを得ない事由があるとき
昇給･退職手当･賞与	なし
労働・社会保険	雇用保険の適用　あり・なし、　厚生年金保険・健康保険の加入　あり・なし
相談窓口	事業主

記載のない事項については、労働基準法の定めるところによる。

図3　労働条件通知書（例）

労働者名簿

<table>
<tr><td>フリガナ</td><td></td><td rowspan="2">生年月日</td><td rowspan="2">年　　月　　日</td><td rowspan="2">性別</td><td rowspan="2">男　・　女</td></tr>
<tr><td>氏　　名</td><td></td></tr>
<tr><td>現住所
電話</td><td colspan="5">（〒　　－　　）　　　　電話:</td></tr>
<tr><td>雇用年月日</td><td colspan="2">年　　月　　日</td><td>退職年月日</td><td colspan="2">年　　月　　日</td></tr>
<tr><td>退職事由</td><td colspan="5">自己都合　・　定年　・　解雇　・　死亡
（解雇の場合はその事由:　　　　　　）</td></tr>
<tr><td colspan="6">従事する業務の種類</td></tr>
<tr><td colspan="6">農作業全般</td></tr>
<tr><td colspan="6">履　　　歴</td></tr>
<tr><td colspan="6">（履歴には、一般的には異動や昇進といった社内の履歴を記載します。法律では、履歴に「なに」を「どこまで」記載するのかは定められていません）</td></tr>
<tr><td colspan="2">雇用保険被保険者番号</td><td colspan="4">－　　－　　（資格取得日　　年　　月　　日）</td></tr>
<tr><td colspan="2" rowspan="2">雇用保険番号不明の場合は、
直近に勤務した会社</td><td colspan="4">（所在地:　　　　市・町・村）</td></tr>
<tr><td colspan="4">会社名: :</td></tr>
<tr><td colspan="2" rowspan="6">＜扶養家族＞
氏名・続柄・生年月日
同居の有無</td><td colspan="4">氏名：　　　続柄：　生年月日：　　同居：有・無</td></tr>
<tr><td colspan="4">氏名：　　　続柄：　生年月日：　　同居：有・無</td></tr>
<tr><td colspan="4">氏名：　　　続柄：　生年月日：　　同居：有・無</td></tr>
<tr><td colspan="4">氏名：　　　続柄：　生年月日：　　同居：有・無</td></tr>
<tr><td colspan="4">氏名：　　　続柄：　生年月日：　　同居：有・無</td></tr>
<tr><td colspan="4">氏名：　　　続柄：　生年月日：　　同居：有・無</td></tr>
</table>

図4　法定3帳簿① 労働者名簿（例）

年　　　　賃金台帳

会社名	

生年月日	雇入年月日	賃金計算期間	従事する業務	氏名	性別
		日締　□当月 □翌月　日払			

賃金計算期間	1月分	2月分	3月分	4月分	5月分	6月分	7月分	8月分	9月分	10月分	11月分	12月分	賞与1	賞与2	合　計
労働日数															
労働時間数															
時間外労働時間数															
休日労働時間数															
深夜労働時間数															

支給	基本給															
	時間外労働手当															
	手当															
	手当															
	非課税通勤手当															
	課税通勤手当															
	課税合計															
	非課税合計															
	支給合計															
控除	健康保険料															
	厚生年金保険料															
	雇用保険料															
	社会保険料計															
	(課税対象額)															
	所得税															
	住民税															
	その他控除															
	控除合計															
差引合計額																
実物給与																
差引支給額																
領収者印																

図5　法定3帳簿② 賃金台帳（例）

出 勤 簿

年　　月分

会社名	
氏　名	㊞

日	曜日	始　業 終　業	休憩(分)	労働時間	備 考	日	曜日	始　業 終　業	休憩(分)	労働時間	備 考
		・ ・		・				・ ・		・	
		・ ・		・				・ ・		・	
		・ ・		・				・ ・		・	
		・ ・		・				・ ・		・	
		・ ・		・				・ ・		・	
		・ ・		・				・ ・		・	
		・ ・		・				・ ・		・	
		・ ・		・				・ ・		・	
		・ ・		・				・ ・		・	
		・ ・		・				・ ・		・	
		・ ・		・				・ ・		・	
		・ ・		・				・ ・		・	
		・ ・		・				・ ・		・	
		・ ・		・				・ ・		・	
		・ ・		・				・ ・		・	
		・ ・		・						・	

出勤日数	日	年休	日	時間外	時間　分
欠勤	日	特別	日	深夜	時間　分
遅刻	回	代休	日	休日	時間　分
早退	回	振替	日	**労働時間合計**	**時間　分**

図6　法定3帳簿③ 出勤簿（例）

労働時間数、⑥時間外労働・休日労働・深夜労働の時間数、⑦賃金の種類（基本給、諸手当）、⑧控除の内容とその額

「**出勤簿**」は、賃金台帳の基になる労働時間数等を確認するための帳簿です。出勤簿は、労働者名簿や賃金台帳と違い、何を記載すべきかといった事柄は労働基準法では定めていません。また、労働時間数等の把握の仕方についてもとくに定めていません。

厚生労働省の「労働時間の適正な把握のために使用者が講ずべき措置に関するガイドライン」では、次のどちらかの方法によって労働者の始業時刻・終業時刻を確認し、適正に記録することが原則とされています。

①使用者が自ら現認することにより確認し、適正に記録すること

②タイムカード、ＩＣカード、パソコンの使用時間の記録などの客観的な記録を基礎として確認し、適正に記録すること

また、正しい方法で行なわれている限り「自己申告制」による始業時刻・終業時刻の確認・記録も認められていますが、残業の取り扱いでトラブルになったことがあり、勧めていません。

さて、法定3帳簿は法律だから作成するというより、これらの帳簿は労務管理の基本的記録としてなくてはならないものです。また、法定3帳簿は、「雇用就農資金」など各種助成金申請の添付書類にもなっています。

さらに、労働基準監督署等の調査でも必ず提出を求められますので、日頃から整備が必要です。

●健康診断個人票も作成

あと、もうひとつ作成しなければならない書類に「健康診断個人票」（健康診断の記録）があります。

労働安全衛生法第66条・１０３条で、「事業者は従業員を雇い入れるときと、その後1年以内ごとに1回、定期的に健康診断を実施する」「その結果を健康診断個人票に記録して5年間保存する」と定められています。

健康診断対象者は正社員だけでなく、週所定労働時間が通常の労働者の4分の3以上の者についてはパートタイマーであっても行なうこととなっています。

「従業員の健康診断までやるの……」多くの農業経営者はビックリされます。健康診断を実施しないと労働安全衛生法違反になり、罰金を課せられることもあります。長野県内の農業法人のなかには、地区の商工会で行

なう巡回健診に参加させてもらっているところもあります。1時間半もあれば全員終了するそうです。いずれにしても、「労働安全衛生法による健康診断」を実施している病院等で受診させてください。費用（1人1万円くらい）は、事業主の負担が原則になっています。

5 雇用形態と雇用期間

従業員の雇用形態を大きく分けますと、正社員と臨時・契約・アルバイトなど非正社員になります。当然ですが、募集や採用のときには雇用形態を決めておきます。正社員と非正社員の大きな違いは、雇用期間に期限があるかないかです。

正社員は、期間の定めのない契約ですから、定年まで雇うことになります。非正社員は6カ月間とか1年間といった期間の定めのある有期労働契約とするのが一般的です。

さて、期間の定めのある有期労働契約は次のことに注意してください。

有期雇用契約を3回更新すると「雇い止め予告」が必要に

有期雇用契約（有期労働契約）は契約期間が満了すれば、当然雇用期間も終了します。

しかし、次のケースで契約更新しない場合は、契約期間が満了する日の30日前までに次ページの【図7】のような「雇用契約終了の予告通知書」を出す必要があります。

①有期雇用契約が3回以上更新されている場合
②1年以下の契約期間の雇用契約が更新または反復更新され、最初に有期雇用契約を締結してから継続して通算1年を超える場合
③1年を超える契約期間の雇用契約を締結している場合

有期雇用契約を繰り返すと「期間の定めのない契約」に転化

有期雇用契約の更新手続きをせずに自動更新したり、形式的に繰り返していると期間の定めのない契約に転化します。本当に、いつまでも働いてほしい人材なら正社

年　　月　　日

殿

○○株式会社

代表取締役社長　○○　○○　　印

雇用契約終了の予告通知書

貴殿との雇用契約が、　　　　年　　月　　日をもって満了するに際し、下記理由によりその後の契約更新を行わないことをご通知申し上げます。

記

更新しない理由

（例）

・農繁期が過ぎたため。

・担当していた業務が終了したため。

・業務遂行能力が十分ではないと認められるため。

・職務命令に対する違反行為を行なったため。

・無断欠勤をしたこと等勤務不良のため。

以上

図7　雇用契約終了の予告通知書（例）

図8　労働条件通知書へ更新の判断基準の記載例

雇用期間	○年○月○日～○年○月○日
契約更新の有無	1．ある　②．する場合がある　3．ない
更新する場合の判断基準	次の3項目の基準を判断して行なう。 1．契約満了の時点の業務の有無または業務量により判断する。 2．本人の職務能力、勤務成績、健康状態により判断する。 3．農場の経営状態により判断する。

図9　労働条件通知書の「更新上限を明示する項目」（更新上限を設定する場合）

更新上限の有無
㊒（更新　4回まで／通算契約期間5年まで）　・　無

員に転換すべきです（パートタイム・有期雇用労働法第13条でも転換を推進しています）。

期間満了で辞めてもらう可能性がある場合には次の事項に留意してください。

①契約書だけ作成するような形式的な更新はしない。

②人事評価を行なう（人事評価表の例は112ページ）。

③次回更新の有無、更新する場合の判断基準を示す。

判断基準は、労働条件通知書・雇用契約書に記載しておきます。

これまでは、雇用契約（労働契約）の更新手続きをキチンと行なっていれば、何回更新しても「期間の定めのない契約」に転化することはありませんでした。

ところが2012年に労働契約法が改正され、契約期間が通算5年を超えたときは、労働者の申し込みにより、期間の定めのない労働契約に転換することになりました。

使用者は、無期転換申し込みを断ることはできません。

いわゆる無期転換従業員（社員）の制度が誕生しました。

●無期転換社員＝正社員ではない

無期転換の条件は、同一の使用者との間で「有期労働契約の通算期間が5年」を超えていることです。なお、途中に6カ月以上の無契約期間があると通算になりません（契約期間が1年の場合）。

無期転換は必ずしも正社員になることではありません。もちろん、正社員に登用して戦力になってもらうことはよいことです。

しかし、農業は繁閑差が大きいので、現行と同じ労働条件（労働時間・賃金等）で働いてほしい場合もあります。その場合は、契約期間だけ変更することも可能です。この方法は「ただ無期」といわれるもので、契約期間を無期に変更するだけで、他の労働条件は同じというものです。

ただし、どうしても無期転換させたくない場合（農業経営の長期見通しが立たないので無期雇用できない、勤務態度不良なので無期雇用にしたくないなど）もあります。無期転換させない対策は「契約更新は通算5年まで」と、契約更新の上限をつけることです。

2024年4月に労働基準法施行規則が改正され、労働条件通知書へ「有期雇用契約を更新する場合の基準に関する事項（通算契約期間または更新回数の上限を含

労務相談
ここが聞きたいQ&A ⑥

雇用契約書と労働契約書は何が違うの？

Q 「雇用契約」と「労働契約」は同じように使われていますが、違いは何でしょうか。

A 雇用契約も労働契約も、「使用者と労働者の間で締結される労務の提供と賃金の支払いを主な内容とする契約」で、ほとんど同じ意味で使われています。一般的な労働提供契約は、労働契約でもあり、同時に雇用契約でもあります。

少し専門的になりますが、雇用契約は民法がバックボーンで「当事者の一方が相手方に対し、労働を提供することを約束し、相手方がこれに対して報酬を与える約束をすることで効力を発生する契約」です。一方、労働契約は労働基準法がバックボーンで「労働者が使用者に労働を提供することを約束し、使用者は労働者に提供された労働に対し、賃金を支払う契約」です。つまり、一般的な労働提供契約は労働契約でもあり、同時に雇用契約でもあります。

ただし、労働基準法では家事使用人、同居の親族のみが従業員となっている家族経営の場合の従業員に関しては、適用除外となっています。家事使用人、同居の親族のみが従業員となっている場合の従業員との労働提供契約は雇用契約となり、労働契約ではありません。

む）」が明示義務へ追加になりました【図9】。そこで無期雇用にしたくない場合は、「更新上限：有」、無期雇用を認める場合は「更新上限：無」を○で囲むことになります。

6　試用期間

採用前に筆記試験や面接をしただけで、その人の能力や適格性を見抜くのはむずかしいことです。そのため、一般的には、初めから正式の本採用としないで、試用期間（従業員としての適格性を判定するため、試しに使用する期間）を設けています。

試用期間は、期間の定めのない従業員（正社員）を採用するときに設定します。正社員は、自分から辞めると言わない限り定年まで雇用することになりますので、適格性のない人を採用してしまうと大変なことになります。そのため、試用期間が必要になるのです。

●試用期間の長さ

試用期間の長さについては特に労働基準法等で決まりはありませんが、一般的には3カ月とか6カ月で、最長でも1年が限度と解釈されています。

農業経営者は、試用期間をできるだけ長くしたいと言われます。しかし、従業員にとって試用期間は不安定な立場になりますから、従業員募集の視点からはやや不利になります。

さて、他産業の試用期間は3カ月が最も多いのですが、農業には次の2つの理由で6カ月を勧めています。

①4月1日採用の場合、5月頃までは気候的にも農作業しやすいのですが、7月・8月の暑さや農繁期に耐えられるのかを見極める必要があります。

②3カ月の試用期間の場合、実質2カ月で本採用の可否を判断することになります。本採用拒否は試用期間中にしなければならず、試用期間満了の30日以上前に解雇予告をしておく必要があるからです。4月1日採用の場合なら、本採用の可否を5月末までに判断しなければなりません。

●本採用を拒否するには理由が必要

試用期間中の適格性をみて、本採用を拒否することにした場合、法律上は「解雇」になります。つまり、試用期間中であっても解雇の正当性が問われるということです。農業経営者のなかには、試用期間中の場合は「解雇」と認識されていない方もいますが、ここは注意が必要です。

試用期間中の解雇は、正社員の場合よりも比較的認められやすくはなっています。比較的認められやすいというだけで、「なんとなく態度が悪いので、試用期間が満了したから解雇する」というのは認められません。

本採用拒否（解雇）の理由として認められるのは、採用時の面接等では知ることができなかった事実が試用期間中に判明したことなどが前提になります。つまり、「面接だけでは予想できなかった」という事実が必要です。判例《はんれい》（裁判において裁判所が示した法律的判断のこと）では、次のような事実は本採用拒否の正当な理由と認められました。

①業務修得に熱意がなく、上司の指示に従わず協調性に乏しい。
②言葉遣いや勤務態度が悪く、営業成績も不良である。
③出勤率が規定を下回っている。
④採用された職位に見合う業務成績を上げられない。

●本採用拒否の手続き

試用期間中に社員としての適格性を疑うようなことがわかった場合は、雇い入れから14日以内に本採用拒否（解雇）をすることです。14日以内なら、即日解雇しても30日分の解雇予告手当は不要です。

言い換えると、14日を超えて雇用している場合は、試用期間中であっても、解雇する30日前に予告するか、即日解雇するなら平均賃金の30日分の解雇予告手当を支払う必要があります（労働基準法第20条）。

しかし「本採用にしないので解雇する」とは言いにくいし、争いになる可能性もあります。

そこで本採用できない場合の対応として、本採用にしない理由（勤務態度など）を説明し、有期雇用（アルバイト）としてなら雇用を継続すると提案する方法があります。本人も納得すれば有期雇用契約を結び、仮に有期雇用期間中でも勤務態度がよくならなければ、期間満了で退職してもらうというものです。

第2章　職場の規律

1　就業規則

就業規則とは、従業員の労働条件や従業員として守らなければならない職場の決まりなどを定めるもので、経営者が自分の労務管理の考え方も入れて作成します。

常時10人以上の労働者を雇用する使用者は、必ず就業規則を作成し、労働基準監督署に届け出なければなりません（労働基準法第89条）。法人だけでなく個人経営であっても、パートタイマーや臨時的な労働者も含め、常時10人以上となる事業所は作成および届出の義務があります。

ただし、常時10人以上使用していない小規模経営者にも就業規則の作成を勧めています（この場合は労働基準監督署へ届出する必要はありません）。

就業規則には次の効果があります。

〈就業規則の効果〉

①経営者の労務管理に対する意思を従業員に示すことができる。

②従業員の義務や権利も示すことにより、やる気や定着につながる。

③一律の職場ルールを定めることにより、労務トラブルが防止できる。

④助成金などの申請のとき優位になる。

就業規則を備えることは事業所の評価を高めますし、何より経営者として労務管理に自信が持てます。就業規則を作成した従業員3人の、ある果樹園経営者は、「労務の決まりはあったが文章化してなかった。就業規則を作成して、一人前の経営者になった気がする」と述べていました。

農業の就業規則（例）は、本書の付録（巻末に掲載）になっています。労務管理知識の整理としても役立ちますので、ぜひ、ご一読ください。

●就業規則に記載する事項

就業規則への記載事項は、次の3種類に分類されます（労働基準法第89条）。

（1）絶対的必要記載事項（必ず記載しなければならない事項）

絶対的必要記載事項とは、就業規則に必ず記載しなければならない事項です。次の3項目が定められています。

①始業および終業の時刻、休憩時間、休日、休暇、交替就業の場合の就業時転換に関する事項

②賃金の決定、計算および支払い方法、賃金の締切日、支払い時期、昇給等に関する事項

③退職に関する事項（解雇の事由を含む）

農業は労働時間・休憩・休日について労働基準法の適用除外であるから記載しなくてもよいと考える方がいます。しかし、絶対的必要記載事項の中に始業および終業の時刻、休憩時間、休日が入っていますので、就業規則に記載する必要があります。

注意すべきは、退職に関する事項に「解雇の事由」が含まれていることです。そのため、就業規則で「こういうことをしたら解雇する」と、具体的に規定することが必要になっています。

(2) 相対的必要記載事項

（定める場合には記載しなければならない事項）

相対的必要記載事項とは、必ずしも規定することは必要ではないが、もしこれらに関して何らかの定めをする

労務相談
ここが聞きたいQ&A ⑦

農業参入する法人の労務管理の留意点

Q 現在は建設業を営んでいますが、今後、遊休農地を使って農業に参入する予定です。農業部門の労務管理で留意することはありますか。

A 一般企業でも、貸借であれば全国どこの農地でも借りることが可能になっています（農地所有適格法人の要件は不要）。そのため、食品関連産業や建設業などからの農業参入が増えています。

他産業から農業へ参入する際に注意すべき労務管理のポイントは、「農業部門」の就業規則を既存の事業とは別に作成することです。とくに、労働時間・休憩・休日については、天候の影響を大きく受けても柔軟に対応できるように規定することが大切です。

場合には、必ず就業規則に記載しなければならない事項のことをいいます。

次の8項目が定められています。
①退職手当の定めが適用されている労働者の範囲、退職手当の決定、計算、および支払い方法、退職手当の支払いの時期に関する事項
②臨時の賃金（退職手当を除く）、最低賃金額に関する事項
③労働者に負担をさせる食事、作業用品その他に関する事項
④安全および衛生に関する事項
⑤職業訓練に関する事項
⑥災害補償および業務外の傷病扶助に関する事項
⑦表彰および制裁の種類および規定に関する事項
⑧その他、当該事業場の労働者すべてに適用される事項
言葉の説明になりますが、①の退職手当とは「退職金」のことで、②の臨時の賃金とは「賞与」のことです。

退職金や賞与を支給しない場合は記載しなければすむことですが、「前の会社で賞与・退職金をもらったのだからこの会社でも出るはずだ」と勝手に思い込む人がたまにいます。そのため「退職金は支給しない」「賞与は支給しない」と明記している就業規則も多くあります。

また、表彰および制裁の種類や規定に関する事項も相対的事項になっていますが、これを入れないと職場規律が確立しないので実務的には絶対に必要です。

（3）任意的記載事項（記載するかどうか自由な事項）

任意記載事項とは、経営者が任意に記載することができる事項です。たとえば、経営者が思う理想の社員像や経営理念なども記載することができます。

●就業規則が法律や雇用契約と違っていたら

就業規則は、前述したように始業・終業時刻や賃金、職場規律などを経営者の意思で定めることができます。しかし、就業規則と法律や雇用契約（労働契約）の内容が違っていると労働者に有利なほうが優先されます（労働基準法第13条、労働契約法第12条、通達）。

以下は、農業法人で実際にあった事例です。

▼事例1　年次有給休暇

A法人の就業規則は「1年間継続勤務したら5日年休を与える」と規定していました（「うちではこれが精一杯だ」と経営者は言っていました）。しかし、法律（労働基準法第39条）では「6カ月間継続勤務したら10日年休を与える」ことになっています。この場合、法律が優先され、就業規則のこの規定は無効になります。

▼事例2　時間外労働の割増賃金

B法人の就業規則は「時間外労働手当は通常勤務の賃金を支払う」と規定していました。ところが、雇用契約書では「時間外労働手当は通常勤務の2割5分増しの割増賃金を支払う」としてありました（他産業の雇用契約書例をそのまま使用したことがミスの原因でした）。この場合、雇用契約書が優先され、就業規則のこの規定は無効になります。

労務相談
ここが聞きたいQ&A ⑧

秘密保持義務の対策は

Q 辞めた従業員が農産物の顧客情報を持ち出し、顧客を奪われました。何か対策はありませんか。

A 従業員は、業務上知り得た企業秘密を他に漏らしてはならない義務があります。この義務のことを「秘密保持義務」または「守秘義務」といいます。これを従業員に守らせるには「うちの農場の顧客情報や技術・ノウハウは他に漏らしてはダメだよ」と具体的に説明したり、次の文書で周知したりすることが大切です。

①「就業規則」に守秘義務を明記する（「付録 農業の就業規則例」18ページの第41条2を参照）。

②入社・退職時に「秘密保持誓約書」を提出させる。

就業規則や誓約書の約束を守らず、企業秘密を外部に漏らして損害が発生した場合は、相手に損害賠償請求を行なうことができます。

2 労働時間・休憩・休日

●労働時間とは何か

労働時間とは、使用者の指揮命令下で労働者が働く時間のことです。ですから、出社時刻から退社時刻までが必ずしも労働時間というわけではありません。

ある農業経営者が困った顔をして「タイムカードの出社時刻から退社時刻まで1分単位で賃金を支払っていた。そしたら、従業員が勝手に早く来て仕事をするようになった。その対策として、入口のシャッターに鍵をして始業時刻まで開けないようにしている」と言われ、苦笑してしまいました。

労働時間は、使用者の指揮命令下にある時間のことで、次のように表されます。

労働時間＝①拘束時間－②休憩時間－③構内自由時間

①拘束時間とは、労働者が出社して農場の敷地内に入り、仕事が終わって敷地外に出るまでの時間をいいます。タイムカードを使っているところは、入退場の時刻の間が拘束時間といえます。

②休憩時間は、労働時間の途中で労働から離れることを保障されている時間のことです。

③構内自由時間とは、入門してから始業時刻までの間や、終業時刻後の手洗いや洗面など農場の中にいても、労働者が自由に利用できる時間のことです。

ですから、労働時間とは「拘束時間から休憩時間と構内自由時間を引いた時間」になります。

先のシャッターを閉めていた農業経営者は、「始業時刻は午前8時である。それまでに、農場内に入ってもかまわないが仕事は始めない」ことを徹底し、始業前の時間に対する賃金支払いをやめました。

注意していただきたいのですが、朝礼や仕事の準備・整理の時間は労働時間になります。

始業前に朝礼を行なっていた事業所が、元従業員から「始業前15分間の朝礼へ参加が義務づけられていた」と労働基準監督署へ申告され、朝礼時間に対する賃金を支払いました。

労務相談
ここが聞きたいQ&A ⑨

「休憩」・「休業」・「待機」の違いは

Q 雨で農作業できない日を休みにしたら、時給の従業員が労働基準監督署へ訴えて休業手当を支払うように指導がありました。仕事をしていない時間には、休憩・休業・待機がありますが、賃金支払いはどのようになりますか。

A 休憩は、賃金支払いは不要ですが、休業は平均賃金の60％支払いが必要です。待機は、通常の賃金支払いが必要です。以下、詳しく説明します。

休憩……休憩時間については、「単に作業に従事しない手待ち時間を含まず、労働者が権利として労働から離れることを保障されている時間」という通達（昭22年9月13日発基第17号）があります。休憩時間は労働から離れていますので、当然無給です。

休業……雨降りや農業資材が間に合わなくて休業する場合は、使用者の責任とされます。使用者責任による休業の場合は、休業手当として平均賃金の60％以上支払うことが労働基準法第26条に定められています。

待機……待機時間は手待ち時間ともいわれます。作業はしていないが、使用者の指示があればすぐに従事できる状態の時間です。たとえば、タクシー運転手が駅のロータリーなどで客待ちしている時間は待機時間に該当し、労働時間として扱われます。待機時間は、通常の賃金を支払うことになります。

労務相談
ここが聞きたいQ&A ⑩

休憩時間に10時と15時の休みも入れていいの

Q 私の農場の始業は8時、終業は17時、休憩は1時間（12～13時）です。労働時間は8時間と明示していましたが、じつは10時と15時に15分間ずつの休みもあります。なので、正しい労働時間は7時間30分、休憩時間は1時間30分になることがわかりました。これからは正しく明示したほうがよいでしょうか。

A ご質問のように、午前・午後の休みを休憩時間に入れないで、その時間を有給にしている事例は個人経営農家に散見されます。他産業では、考えられないことです。結論から先に申しますと、「労働時間は7時間30分、休憩時間は1時間30分」と正しく明示することです。

従業員募集においても、今まで「労働時間8時間、時給1000円（1日8000円）」となっていた場合、「労働時間7時間30分、時給1067円（1日8003円）」と明示できます。労働時間は30分短く、時給は67円高く表示されるので、従業員募集でも有利です。

●農業には労働時間の規制がない

雇用契約書（労働契約書）や就業規則で定められた労働者の労働時間のことを「所定労働時間」といい、所定労働時間を超えて働くことを「残業」といいます。

一般的には、始業・終業時刻から休憩時間を引いた時間が所定労働時間になっています。農業でも、所定労働時間を定める必要はあります。しかし、他産業のように1日8時間・1週40時間以内という規制はありません。

さて、農業における所定労働時間の設定には次の二とおりの考えがあります。

①他産業と同じく1日8時間・1週40時間以内にする。
②経営上必要な長めの時間にする。

他産業と同じ所定労働時間は、従業員募集には有利ですが、時間外労働には残業代を支払う必要が生じます。一方、長めの労働時間は従業員募集には不利ですが、未払い残業代のトラブルは少なくなります。

農業は、雨・風・雷などによって作業中断となり天候回復を待つ時間が発生します。さらに、作業再開が無理となると「今日は終わってください」という労働免除さえ行ないます。こうしたことも、所定労働時間を長めにしている背景です。

また、農場のなかには64ページの【表11】のように1日の所定労働時間を年間同じでなく、夏期は長めに、冬期は短めにしているところも多くあります。

●他産業の変形労働時間制

繁忙期の所定労働時間を長くする代わりに、閑散期の所定労働時間を短くする制度を一般的には「変形労働時間制」といい、他産業にも認められています。しかし、他産業の変形労働時間制には、多くの法的規制がありま す。たとえば他産業の「1年単位の変形労働時間制」は、1年以内の一定の期間を平均し、1週間の労働時間が40時間を超えない範囲内において、1日8時間・1週40時間を超えて労働させることができる制度です。

さらに、他産業の「1年単位の変形労働時間制」には次の規制があります。

①労使協定を締結し、労働基準監督署長へ届け出る。
②労働日数は、対象期間が3カ月を超えると1年当たり280日以内。
③1日の上限は10時間まで。
④1週の上限は52時間まで。

労務相談
ここが聞きたいQ&A ⑪

副業者の労働時間は通算になる?

Q 果樹農家ですが、他産業に勤務している副業者（ダブルワーカー）を土日に雇っています。コンビニを経営している友人から「労働時間は通算されるので週40時間を超えた副業者の賃金は25％割増しで支払う必要がある」と言われました。以前、彼の店は労働基準監督署の調査があった際、指摘を受けて割増し分の賃金を数十万円も支払ったそうです。農業の場合も、副業者の労働時間を通算して割増賃金を支払うのでしょうか。

A 確かに労働基準法第38条では「労働時間は、事業場を異にする場合においても通算する」とされているので、通算して1日8時間、週40時間を超えた副業者に25％の割増賃金を支払う必要があります。

ただし「農業・畜産業・養蚕業・水産業については、労働時間は通算されない」と厚生労働省から通達（2020年9月1日）が出されており、割増賃金を支払う必要はありません。

労務相談
ここが聞きたいQ&A ⑫

弾力的な労働時間にしたい

Q 地球温暖化の影響で猛暑日が増え、夏場の農作業がはかどりません。また、従業員もバテ気味です。何か対策を取っている農場はありますか。

A 夏期の農作業は熱中症の心配もあり、どこの農場でも共通課題になっています。対策のひとつとしては、始業時間を早め、涼しい時間帯での労働時間を増やすことです。

知り合いの稲作の農業法人では、通常8時始業、17時終業の労働時間を、7月と8月については「5時始業・14時終業（うち1時間休憩）」に変更しました。従業員のなかには、「12～14時の作業がつらい」「休憩なしで働いて13時終業がいい」などの意見も出たそうですが、今でも夏場はこの労働時間にしています。

また、昼食の休憩時間を3時間にし、夕方の労働時間を多くしている農業法人もあります。近年の気候変動に対応するため、労働時間は年中弾力的に考える必要があります。

表11　夏期と冬期の所定労働時間を分けている例

〈5月～10月〉			
始業8時00分	終業18時00分	休憩時間90分	所定労働時間：8時間30分
〈11月～4月〉			
始業8時00分	終業17時00分	休憩時間90分	所定労働時間：7時間30分

⑤1週48時間を超える設定は連続3週以内。

⑥連続労働日数は原則6日。

農業経営者のなかにも、「うちは、1年単位の変形労働時間制を導入している」と簡単に言われる方がいますが、注意が必要です。

なぜなら、転職して農業法人へ入社した従業員のなかには、前の会社で「1年単位の変形労働時間制」を経験した人もいます。その人たちは「変形対象期間中の1週間の平均労働時間は40時間を超えない」「1日の上限は10時間等の規制が守られていなければ法律違反だ」と言います。じつは、労働基準監督官のなかにも同様のことを言う人がいます。

このような誤解を生じさせないためにも、「変形労働時間制」という言葉は慎重に使ったほうがよさそうです。

●休憩時間は労働から離れることを保障している時間

休憩時間は、労働時間の途中で労働から離れることを保障している時間のことで、賃金は支払いません。他産業は、「労働時間が6時間を超える場合においては少なくとも45分、8時間を超える場合においては少なくとも1時間の休憩時間を与えなければならない」（労働基準法第34条）と定められています。

農業は、休憩についても適用除外になっているので休憩を与えなくても違法ではありません。しかし、継続労働は疲労が蓄積され、その結果、作業能率が低下します。また、労働災害発生も心配されます。この労働災害に関係することですが、使用者には「安全配慮義務」があります。安全配慮義務とは、「使用者は、労働者がその生命、身体等の安全を確保しつつ労働することができるよう、必要な配慮をする」ことです（労働契約法第5条）。

労働者が疲れているのに休憩を与えず、過労により労働者がケガや病気になったときは、使用者は損害を賠償する義務を負うことになります。屋外での作業が多い農場は、休憩時間を他産業以上に長くして労働者の健康管理に配慮する必要があります。

●休日は労働義務のない日

休日とは、労働義務のない日のことです。他産業では「使用者は、労働者に対して、毎週少なくとも1日の休日、または4週間を通じ4日以上の休日を与える」（労働基準法第35条）と定められています。

この休日は法定休日といわれています。他産業では、法定休日に労働させると通常勤務の3割5分（35％）増しの割増賃金を支払うことになっています。

農業は、休日についても適用除外になっていますので休日を与えなくても違法ではありません。しかし、他産業では週休2日制が一般化しています。休日数は社員応募の要素になりますし、安全配慮義務もありますので、他産業（パートを含む）の最低基準である毎週1日または4週間で4日以上の休日を与える必要があると思いま

労務相談
ここが聞きたいQ&A ⑬

熱中症対策は使用者の法的義務

Q 暑くなると仕事中に「熱中症」になる従業員が出ます。使用者としてどのような対策を取る必要がありますか。

A 多量の発汗を伴う作業場においては、塩と飲料水を備えることが法令で定められています

2021年8月に、秋田県の圃場で草刈り作業をしていた労働者が熱中症で死亡しました。

労働基準監督署は、多量の発汗を伴う作業場所で労働者に作業を行なわせる際に、「塩および飲料水を備えなかった」として、会社と代表取締役を労働安全衛生法第22条（事業者の講ずべき措置等）違反の疑いで秋田地検に書類送検しました。しかし、普通の塩や常温の水を備えても、実際に口にする労働者は少ないでしょう。現実的な対応としては、塩飴や冷えた飲料水・スポーツドリンクを圃場に持参することです。

す。

当然ですが、祝日を休日とする必要はなく、勤務日としても法律上まったく問題ありません。多くの小売業やサービス業も祝日は勤務日です。

農業の場合、休日数は月6日・年間80日前後が多いようです。一般的には「4週6休」とか「隔週週休二日制」といわれる休日形態です。

他産業で1日8時間・1週40時間働く人の場合は、年間105日の休日が最低必要になります。

農業法人のなかにも（法的な必要性はありませんが）、年間休日105日にしているところがあります。その農業法人の休日は、農繁期は週1日休みとし、農閑期は約1カ月間を全休にして対応しています。

●振替休日で天候不良へ対応

農業では、天候や圃場の状態などにより作業ができなくなることがあります。対応策のひとつは、「振替休日」です。振替休日とは「あらかじめ休日と労働日を振り替える」というもので、事前に休日を変更する制度です。

たとえば、週刊天気予報などで天気の悪い日が特定できたら、あらかじめその日に休日を振り替え、当初の休日に仕事をしてもらう制度です。

また、天候不良が続き、どうしても作業ができない日は「臨時の休業」とすることができます。しかし、東日本大震災のような天災事変等の場合を除き、臨時の休業は平均賃金の60％以上を休業手当として支払わなければならないと定められています（労働基準法第26条）。

3　農業でも与える必要がある年次有給休暇等

使用者は、労働者が6カ月間継続勤務し、全労働日の8割以上勤務したときには、68ページの【表12】で示す日数分の年次有給休暇（年休）を与えることとなっています（労働基準法第39条）。

正社員の年休は、6カ月勤務すると初年度は10日、その後年々増加し6年6カ月以上で20日与えることとなっています。もちろん、法人だけでなく個人経営の農業にも適用されています。

また、パート・アルバイトなど、正社員と比較して所定労働日数が少ない労働者も年休は付与されます。付与される年休日数は、所定労働日数に比例していますので、比例付与といいます。比例付与の対象となる労働者は、週の所定労働時間が30時間未満で、かつ、週の所定労働日数が4日以下（または、年間の所定労働日数が216日以下）である者が対象になります。

言い方を変えますと、パート等であっても週30時間以上の労働者は、正社員と同様に年休を付与することになります。

「休んだ日になぜ給料を出すの？　経営者には年休ないよ」と言われる方がいます。

しかし、年休は労働者の心身の疲労を回復させ、労働力の維持を図ることを目的として法律で決まっている休暇ですので理解してください。

●使用者には「時季変更権」がある

労働者からの年休希望日が事業の正常な運営を妨げる場合には、他の時季にこれを与えることができます（労働基準法第39条5項）。使用者が年休希望日を変更でき

労務相談
ここが聞きたいQ&A ⑭

年休の買い上げはできるのか

Q 年休（年次有給休暇）が20日以上ある従業員が「年休を使い切ってから、1カ月後に退職します」と言ってきました。当農場は、夏場が繁忙期なので休まれては困ります。何か対策はありませんか。

A ご質問のように、退職日まで年休（年次有給休暇）を使って出勤しないという例はよくあります。このような場合の対策として知っておいてほしいのが「年休の買い上げ（買い取り）」です。

具体的には、年休を取る予定の日に仕事をしてくれたら、1日○○○○円支払うということです。このような年休の買い上げは、原則として禁止されていますが、退職により消滅する有休については使用者が任意にこれを買い取ることは可能です。

年休の買い上げ価格は平均賃金を基準にする場合が多く、特に定めはありません。

表12　所定労働日数と年次有給休暇の日数

（単位：日）

<table>
<tr><th rowspan="2">週所定労働時間</th><th rowspan="2">週所定労働日数</th><th rowspan="2">年間の所定労働日数</th><th colspan="7">雇入れ日から起算した継続勤務期間に応じた年次有給休暇の日数</th></tr>
<tr><th>6カ月</th><th>1年6カ月</th><th>2年6カ月</th><th>3年6カ月</th><th>4年6カ月</th><th>5年6カ月</th><th>6年6カ月以上</th></tr>
<tr><td colspan="3">30時間以上</td><td rowspan="2">10</td><td rowspan="2">11</td><td rowspan="2">12</td><td rowspan="2">14</td><td rowspan="2">16</td><td rowspan="2">18</td><td rowspan="2">20</td></tr>
<tr><td rowspan="5">30時間未満</td><td>5日以上</td><td>217日以上</td></tr>
<tr><td>4日</td><td>169日～216日</td><td>7</td><td>8</td><td>9</td><td>10</td><td>12</td><td>13</td><td>15</td></tr>
<tr><td>3日</td><td>121日～168日</td><td>5</td><td colspan="2">6</td><td>8</td><td>9</td><td>10</td><td>11</td></tr>
<tr><td>2日</td><td>73日～120日</td><td>3</td><td colspan="2">4</td><td>5</td><td colspan="2">6</td><td>7</td></tr>
<tr><td>1日</td><td>48日～72日</td><td>1</td><td colspan="3">2</td><td colspan="3">3</td></tr>
</table>

正社員、契約社員など週30時間以上労働の場合も、上記「30時間以上」に準ずる

る権利を「時季変更権」といいます。

また、年休は事前に申請するものとし、当日になって「今日休みます。年休にしてください」というような要求は断ることもできます。時季変更権を行使し得るための時間的余地がないからです。

農業は自然相手のところもあり、適期作業が求められるので、急に休まれると収穫が間に合わなくなるなど大変です。当日の年休申請は、農繁期などは原則認めないとすることができます。

●計画年休による年5日有休取得

計画年休とは、「年次有給休暇の計画的付与」のことで、あらかじめ年休の日を特定して労働者に計画的に与える方法です。計画年休は労働者の年休取得率向上という目的で定められたものですが、年5日の有休取得の義務化にも対応できるものです（19ページ参照）。

計画年休は、年5回有休取得にカウントされます。厚生労働者でも、「前もって休暇取得日を割り振るため、労働者はためらいを感じることなく年次有給休暇を取得できる」として計画年休を推奨しています。

たとえば、夏期休暇8月13～15日（3日）、年末年始休暇12月31日～1月2日（3日）を計画年休とすると、6日分年休を消化したことになります。ただし、導入するためには次の事項に留意してください。

①労働者が自由に使える分として、年休のうち5日間は残す。

②計画年休期間中は、出勤させることはできない。

③労働者代表と労使協定を結ぶ（監督署へ届け出る必要はありません）。

計画年休の実施方法には次の3つのやり方があります。（ ）内は、労使協定で決めておくことです。

A　農場全体に一斉付与……（具体的な年休付与日）

B　班・グループ別の交代制付与……（班・グループ別の具体的な年休付与日）

C　年休計画表による個人別付与……（年休計画表を作成する時期とその手続き）

●半日単位や時間単位で与えてもよい

年休を1日でなく、半日単位や時間単位で与えることもできます。もちろん、使用者の判断でこれらの方法で与えないとしてもかまいませんが、介護休暇や看護休暇は法律で1時間単位の取得が認められたので、年次有給休暇もそれに合わせ時間単位で付与する事業所が増えています。

さて、半日年休（0・5日年休）を認めると、午前より午後に年休を取る傾向になります。たとえば、勤務時間が午前9時～午後6時（休憩：正午から1時間）とすると、労働時間は午前3時間・午後5時間となり、午後のほうが有利になるからです。

午前と午後の損得を解消する方法としては、1日の所定労働時間の半分で区切る方法があります。先の例では、午前年休は午前9時～午後2時、午後年休は午後2時～午後6時とする方法です。

時間単位の年休付与については、年間5日（1日8時間の所定労働時間なら40時間）以内とされています（労働基準法第39条4項）。また、時間単位年休を導入するには労働者代表と労使協定を結ぶ必要があります（監督署へ届け出る必要はありません）。

また、退職者の年休も買い上げが認められています。従業員が年休を取得できるのは退職日までです。当然、退職日に残った年休の権利は消滅します。このように、退職により消滅する年休については、使用者が任意に買い上げることが認められています。

●年休の買い上げは原則できない

年次有給休暇を与える代わりにお金を与えることを「年休の買い上げ」といいます。具体的には年度末などに使わなかった年休を買い上げるやり方ですが、これは違法です。労働基準法第39条はお金ではなく「休暇を与えなければならない」と使用者に義務づけているからです。

○○株式会社（以下会社という）と同社従業員代表（以下従業員代表という）○○○○とは、年次有給休暇の計画的付与について次のとおり協定します。

1.○年度の年次有給休暇のうち６日分については次の日に与えることとします。

８月13日から８月15日

12月31日から１月２日

2. 年次有給休暇の日数から５日を差し引いた残日数が６日に満たないものについては、その不足する日数の限度で特別休暇を与えます。

○年○月○日

○○株式会社

代表取締役　○○○○　印

従業員代表　○○○○　印

図10　一斉付与の場合の労使協定（例）

○○株式会社（以下会社という）と同社従業員代表（以下従業員代表という）○○○○とは、年次有給休暇の計画的付与について次のとおり協定します。

1. 社員を１班・２班に分けます。その調整と決定は各部署において行ないます。

2. 各社員の有する○年度の年次有給休暇のうち、６日分については次の日に与えることとします。

１班　12月26日から12月31日

２班　１月１日から１月６日

3. 年次有給休暇の日数から５日を差し引いた残日数が６日に満たないものについては、その不足する日数の限度で特別休暇を与えます。

○年○月○日

○○株式会社

代表取締役　○○○○　印

従業員代表　○○○○　印

図11　班・グループ別に付与する場合の労使協定（例）

ところで、年休の有効期間は2年間で、取らなければ時効になります。その時効となった年休は買い上げても違法にはなりません。

●年休の日に支払う賃金

年休を取得した日に支払う賃金は、月給制なら欠勤扱いせずに、そのまま支払えば問題ありません。しかし、時間給や日給で支払っている従業員が年休を取得した日に、いくら支払ったらよいのか迷います。次の３つの方法があり、どれを選択するかは自由です。選択した方法は、就業規則等に定める必要があります。

①平均賃金……事由発生日以前３カ月間の総賃金÷３カ月間の総日数（労働日数で

○○株式会社（以下会社という）と同社従業員代表（以下従業員代表という）○○○○とは、年次有給休暇の計画的付与について次のとおり協定します。

1．○年度の年次有給休暇のうち6日分については計画的に付与するものとします。
2．付与の期間は8月1日～8月31日、12月1日～翌年1月31日までとします。
3．社員は5月31日までに、年休付与計画表に、年休取得の希望日を記入します。会社は全員の日程を調整したうえで決定し、社員に6月15日までに通知します。
4．年次有給休暇の日数から5日を差し引いた残日数が6日に満たないものについては、その不足する日数の限度で特別休暇を与えます。

○年○月○日

○○株式会社
代表取締役　○○○○　印
従業員代表　○○○○　印

図12　個人別に付与する場合の労使協定（例）

○○株式会社（以下会社という）と同社従業員代表（以下従業員代表という）○○○○とは、年次有給休暇を時間単位で付与することについて次のとおり協定します。

1．すべての従業員を対象とします。
2．年次有給休暇を時間単位で取得することができる日数は5日以内とします。
3．年次有給休暇を時間単位で取得する場合は、1日分の年次有給休暇に相当する時間数を8時間とします。
4．年次有給休暇を時間単位で取得する場合は、1時間単位で取得するものとします。

○年○月○日

○○株式会社
代表取締役　○○○○　印
従業員代表　○○○○　印

図13　時間単位の年休付与の労使協定（例）

なく暦日）

日給や時給の従業員には、3カ月の賃金総額÷3カ月の労働日数×0・6の最低保障額あり

総賃金は、残業代なども含めた金額になります。また、賃金締切日がある場合は、直前の賃金締切日からさかのぼって3カ月になります。

②通常の賃金……所定労働時間働いた場合に支払われる賃金

通常の賃金は、残業代などを含めない所定労働時間勤務した場合に支払われる賃金です。当然ですが、日によって所定労働時間が変動する時間給の場合はこの方法は選択できません。

③健康保険法に定める標準報酬日額に相当する額……「標準報酬日額」とは、健康保険料等計算の元になる標準報酬月額（4・5・6月の報酬の平均額を基準に決められる）を30日で割ったものです。この方法を採用するには「協会けんぽ」へ加入し、さらに労使協定を結ぶ必要があります。農業事業所ではほとんど選択されていません。

●母性保護や育児・介護等の休暇

これから説明する休暇は、従業員から請求があった場合には労働基準法や育児・介護休業法により与えなければなりませんが、年次有給休暇と異なり無給でかまいません。大半の企業も無給です。

なお、次の休暇のうち④〜⑦の育児休業や介護休業等は女性だけでなく男性も取得できます。

①産前産後休暇……産前休暇は出産予定日以前6週間（双子以上の妊娠は14週間）、産後休暇は8週間です。なお、社会保険（協会けんぽ）に加入していると、出産のため会社を休み無給となった場合は、給料の約3分の2が出産手当金として支給されます。

②生理休暇……生理日の勤務が著しく困難な女性から請求があった場合、勤務を免除する必要があります。「困難な状態」である限り、休暇の日数や時間を制限することはできません。

③育児時間……生後1歳未満の乳児を養育する女性従業員は、1日2回、おのおの少なくとも30分の授乳のための時間を請求できます。

④育児休業……従業員（男女）は、子が1歳の誕生日の前日までの希望する期間（要件に該当する場合は2年まで）休業を申し出ることができます（73ページの「ここが聞きたいQ&A⑮」参照）。

⑤介護休業……従業員（男女）は、家族が2週間以上の期間にわたって常時介護を受ける必要がある場合に、その家族1人につき合計93日まで休業を申し出ることができます。

⑥子の看護休暇……小学校就学前の子を養育する従業員（男女）は、子の病気・ケガ等の看護のために休める制度です。子が1人の場合は年間5日間、2人以上の場合は年間10日間申し出ることができます。1時間単位の取得も認められています。

⑦介護休暇……要介護状態にある家族の介護等を行なう従業員（男女）は、介護等のために休める制度で

す。要介護者が1人の場合は年間5日間、2人以上の場合は年間10日間申し出ることができます。1時間単位の取得も認められています。

なお、次の有期契約従業員については、労使協定を定めることで申出を拒むことができます。この労使協定の参考例は、厚生労働省や都道府県労働局のホームページで「育児・介護休業等に関する労使協定（例）」として紹介されています。

労務相談
ここが聞きたいQ&A ⑮

男性も育児休業を取れるのか

Q 先日、男性従業員から育児休業の申出がありました。育休は男性にも必ず与えなければなりませんか。また、休業中の給与はどうしたらよいのでしょうか。

A 育児休業（育休）とは、子どもを育てる従業員（男女を問わず）が法律上取得できる休業です。事業主は、育児休業申出を拒むことはできません（育児介護休業法第6条）。たとえ妻が専業主婦であっても、夫は育休を取得できます。

育休期間は子どもが1歳になるまでが原則ですが、保育園に入所できない場合は、2歳まで延長することができます。また、育休中は無給となりますが、従業員が雇用保険に加入していれば、育児休業給付金（給料の67%。6カ月以降は50%）を受け取ることができます。

雇用保険への加入期間は、育休開始日の直前2年間のうち賃金支払い基礎日数が11日以上ある月が12カ月以上あることが条件になっています（雇用保険への加入方法については119ページの表28、122ページをご覧ください）。

また、男性の育児休業取得促進のために「産後パパ育休」制度が2022年に創設され、子の出生後8週間以内に4週間まで育休を取得できます。この制度は休業中も従業員が合意すれば、就業が可能になっています。

農繁期は半日でも出勤してもらえれば経営者も助かります。

Ａ「④育児休業」「⑤介護休業」の休業は、入社1年未満の従業員

Ｂ「⑥子の看護休暇」「⑦介護休暇」の休暇については、入社6カ月未満

年休の出勤率算定に加える休暇

年次有給休暇（年休）の取得できる従業員は、全労働日の8割勤務していることが条件になっています。この出勤率を算定するにあたって、次の4つの休業日は出勤したものとして取り扱うこととなっています（労働基準法第39条）。

①業務上傷病のため休業した期間

②育児・介護休業法に基づき育児休業・介護休業した期間

③産前産後の休業期間

④年次有給休暇を取得した日

これ以外の生理休暇・子の看護休暇・介護休暇は、法的な規定はありませんが、全労働日から除くことが望ましいといわれています。

4 退職

退職とは、労働者がその職を退き、労働契約（雇用契約）を解除することです。退職に関しては解雇も含めて、労使間でトラブルが起こりがちです。労働者も「金の切れ目が縁の切れ目」とばかり、思いもしなかった要求をしてくることがありますので注意が必要です。

さて、退職の種類は、大きく分けると定年・契約期間満了・自己都合・合意の4種類です。また、解雇については次の節で説明していますが、普通・整理・懲戒の3種類になります（76ページの【表13】参照）。

定年退職

定年退職とは、労働者が一定の年齢（定年年齢）に達すると自動的に雇用関係が終了することです。農業も含めて多くの企業の正社員には、定年が定められています。法律による定年（法定定年）は「60歳」です。定年とは別に、65歳までの雇用確保が全企業に義務づけられています（高年齢者雇用安定法第9条）。そのため、企業では定年退職後に「再雇用」することなどで対応してい

ます。

農業においても60歳で定年になった人に対しては、本人に希望を聞き1年ごとの労働契約で再雇用しているところが多いです。

また、令和3年4月には高年齢者雇用安定法が改正されました。「70歳までの就業機会の確保」を努力義務とし、事業主に次のいずれかの措置を講ずるよう努めることが定められました。
①70歳までの定年の引上げ
②定年制の廃止

労務相談
ここが聞きたいQ&A ⑯

繁忙期に突然、退職すると言われたら

Q 農繁期に、突然退職を申し出る従業員がいます。人手が減れば収穫が間に合わなくなるなど大変です。何か対応策はありませんか。

A 実際、従業員の突然の退職で収穫が遅れ、損失を出した農場もあります。退職した従業員に損害賠償請求を出したいと考える経営者もいます。

法では「職業選択の自由」が定められており、労働者に対して転職や退職の自由を認める一方で、民法627条では、正社員など期間の定めのない雇用契約（無期雇用）の場合は、退職の日から2週間前までに経営者へ申し入れれば退職できると規定しています。

たとえ、就業規則や労働条件通知書で自己都合退職の場合は「30日前までに申し出る」と定めておいても、法律的に有効となるのは2週間前からです。

アルバイトや季節労働者のように期間の定めのある雇用契約（有期雇用）の場合は、やむを得ない事由がなければ雇用契約を解除することはできません（民法628条）。「やむを得ない事由」とは、本人の病気や親の介護が必要になった場合等です。

このような法律的な背景があるため、突然退職した従業員に対して損害賠償請求をすることは現実的にはむずかしいです。

③70歳までの継続雇用制度（再雇用制度・勤務延長制度）の導入
④70歳まで継続的に業務委託契約を締結する制度の導入

など、現時点では努力義務のため罰則はありません。しかし、いずれは70歳までの雇用確保が義務化されるといわれています。

●契約期間満了退職

契約期間満了退職とは、半年とか1年の有期雇用契約（有期労働契約）の従業員（契約社員）が、契約期間の終了により退職することです。

他産業のなかには、新規従業員としての適性を判断する期間を、試用期間というかたちではなく、有期雇用契約にしている会社があります。一般的には、正社員として採用し3～6カ月くらいの間を試用期間として適性を判断します。しかし、試用期間中でも雇用後14日経過すると「こいつは使えないなぁ」と判断しても、30日前に解雇予告するか30日分の解雇予告手当を支払う解雇の手続きが必要になります（なお、4カ月以内の有期雇用契約であれば、雇用後14日経過しても、解雇の手続きは必要ありません）。

このように試用期間中でも解雇は大変ですので、この会社では有期契約期間中に適性を判断して、ダメなら契約期間満了で退職、よければ正社員として採用するという方法を取っています。

ここで大事なことは、当初から有期契約終了後、正社員として雇用することを約束するような説明はしないことです。期間の定めのない契約として類推適用される可能性があります。

有期雇用契約を交わす際に、正規雇用はあくまで可能性のひとつであり、勤務態度や成績を見て判

表13　退職および解雇の種類

分類		種類	内容
期間満了		定年退職	一定の年齢に達したことによる労働契約の終了
		契約期間満了退職	雇用契約期間の満了による労働契約の終了
中途解約	労働者からの退職	自己都合退職	労働者の意思表示による労働契約の終了
	労使合意による退職	合意退職	使用者と労働者の合意による労働契約の終了
	解雇	普通解雇	勤務成績不良等を理由とする解雇
		整理解雇	事業縮小等による人員整理のための解雇
		懲戒解雇	労働者の職場規律違反・非行等を理由とする解雇

断するということを労働者にキチンと話をしておくことが大切です。
形式として有期契約を締結していたとしても、それが労働者の適性を見るための試用期間として使っている場合においては、経営者側が「有期雇用だ」と主張しても試用期間とみなされ、契約満了に伴う労働契約の終了を不当解雇とした最高裁の判例があります（神戸弘陵学園事件、平成2年6月5日）。

労務相談
ここが聞きたいQ&A ⑰

アルバイトを解雇しようとしたら、「解雇予告手当」を請求された

Q 葉物野菜をつくる農業法人を経営しています。夏場は収穫作業にアルバイトを雇用しており、昨年は司法試験の勉強をしていた男性を雇いました。学生時代は運動部で体力にも自信があるとのことでした。ところが雇ってみると作業は遅く、仕事は雑なうえ、注意すればすぐ反論する始末。「辞めてほしい」と言ったら、解雇予告手当を要求され、しかたなく雇用期間が終わるまで雇い続けました。解雇予告手当とは何でしょうか。

A 労働基準法第20条には「労働者を解雇する場合は30日前に予告するか、予告しないときは30日分の平均賃金（解雇予告手当）を支払う」ことが定められています。しかし、次のように雇用期間や仕事内容によっては、解雇予告手当の支払いは適用されません（労働基準法第21条）。

①2カ月以内の期間を定めて使用される労働者
②季節的業務（海水浴場やスキー場、農業など）に4カ月以内の期間を定めて使用される労働者
③試用期間中で採用日から14日以内の労働者（正社員の場合）

農業でも試用期間を定めた場合は、14日を超えれば解雇予告が必要になります。そこで、正社員を雇う場合に活用したい制度が「トライアル雇用」です。トライアル雇用は正規雇用としての適正を見極める目的で、試用期間を設けて採用するか否かを決める制度です。ハローワークからの紹介でトライアル雇用を行なった場合、最長3カ月間、雇用主に「トライアル雇用助成金」として月4万円が支給されます。

自己都合退職

自己都合退職とは、労働者が「退職願」等によって退職を申し出て、自己の都合により労働契約を解除するものです。自己都合退職は、民法６２７条の規定により退職願を会社側に提出した時点から14日後に退職できることになっています。

しかし、経営者にしてみれば14日後に辞めると急に言われても、業務引継ぎや後任者の補充も大変です。そのため就業規則では、退職願の提出日を少なくも退職予定日の「30日前」と定めていることが多いです（90日前にしている農業法人もあります）。このように提出日を長めに規定しておくと、法的な拘束力はありませんが、職場の退職ルールとして定着してきます。

合意退職

合意退職とは、使用者と労働者が、当事者間の労働契約を解除する旨の意思を合致させ、当該契約を終了させることです。合意退職で多いのは、退職勧奨によるものです。

退職勧奨は、労働者の能力不足や経営上の理由などから、使用者が本人に退職を勧めることです。使用者の退職勧奨に対して、本人がこれに同意して退職する場合が合意退職となります。

本人が同意せず退職を拒否した場合は、解雇するか、雇用を継続するかになります。くれぐれも安易に「解雇する」とは考えないでください。解雇が有効とされるためには、この後の節で説明していますが、使用者側にとっては非常に高いハードルになっています。

能力不足や人員削減によりどうしても退職させる必要がある場合には、労働者とよく話し合い、合意退職にすることがトラブル防止になります。

5 懲戒、解雇

懲戒とは、経営者が従業員に対して制裁を科す処分のことを指し、経営者には従業員を懲戒することができる権限＝一般的に「懲戒権」と呼ばれるものがあります。最も重い懲戒として解雇があります。

懲戒の種類

懲戒の種類として一般的に定められているのは、次の

労務相談
ここが聞きたいQ&A ⑱

遅刻常習者への処分

Q 何度注意しても遅刻を繰り返す従業員がいます。どのように処分したらよいですか。

A 時間厳守は職場規律の基本なので、経営者は遅刻に対しては厳しい対処が必要だと考えるのは当然だと思います。「遅刻したら○千円」など、罰金制度を設けたいというご相談を受けたこともあります。しかし、罰金制度は労働基準法第16条（賠償予約の禁止）により違法になります。遅刻者に罰金を支払わせることはできませんが、遅刻分の賃金支給額を減らすことは認められています。「ノーワーク・ノーペイの原則」といわれ、働かなければ賃金の支払い義務はないという原則です。

たとえば、時給1000円の人が30分遅刻した場合に500円減給するのはこの原則から可能です。また、遅刻を繰り返す従業員には懲戒処分として減給や出勤停止などの処分も可能ですが、就業規則へ懲戒の種類や遅刻も対象になることを定める必要があります（詳しくは「付録　農業の就業規則例」20ページの第44条1の②をご覧ください）。

労務相談
ここが聞きたいQ&A ⑲

従業員への損害賠償請求

Q 従業員が業務中に会社の軽トラックを石垣にぶつけてしまいました。修理代を従業員に請求できますか。

A 従業員の過失により、事業主が損害を受けることがあります。

多い事例は、自動車や農機具の破損です。また、「オイル補充を忘れてエンジンが焼きついた」「農薬の希釈を間違えて散布し、収穫できなくなった」などは、実際に相談があった事例です。

過失により、初めて損害を出したときは始末書を提出させ反省を求めることです。そのなかで、原因や再発防止についても記述させることが大事です。そして、再度、事故などの損害を出したら、損害賠償請求することもやむを得ないと思います。

ただし、損害の全額請求は無理です。請求できるのは、従業員の過失の程度や事業主が行なっていた教育や対策などが考慮されます。従業員の賠償割合の判例は、損害額の1～5割と幅があり、ケースバイケースで判断されています。

また、賠償金は給与から直接に引くことはできません。給与は全額払いの原則（労働基準法第24条）があります。

とおりです。また、懲戒の対象となる具体的な行為については、就業規則で定めます（巻末の「農業の就業規則例」20～22ページ参照）。

(1) けん責

「けん責」は、従業員に対して始末書の提出を命じ、反省を促す処分です。従業員に具体的な不利益をもたらすものではなく、懲戒処分のなかでは最も軽い部類に位置づけられます。

(2) 減給

「減給」は、使用者が従業員に対して支払う賃金を減額する懲戒処分です。その際に以下の2つの金額が上限とされています（労働基準法第91条）。

- 1回の非違行為に対する減額の上限……平均賃金の1日分の半額
- 減給の総額……1賃金支払い期における賃金の総額の10分の1

たとえば1日の平均賃金が1万円の場合は、1回の非違行為への減給は5000円が限度になります。また、1賃金支払い期（30万円の場合）に数回の非違行為をしても、3万円が限度になります。

(3) 出勤停止

「出勤停止」は、従業員に対して出勤することを一定期間禁止し、その期間について賃金を支払わない懲戒処分です。

出勤停止の日数には、法律上の上限はありませんが、就業規則で上限を設定するのが一般的です。

(4) 諭旨《ゆし》解雇

「諭旨解雇」は、従業員に退職を勧告する懲戒処分です。仮に従業員が退職届の提出に応じない場合には、懲戒解雇へ移行するのが一般的です。

(5) 懲戒解雇

「懲戒解雇」は、使用者が従業員の非違行為を理由に労働契約を一方的に解除し、強制的に退職させる懲戒処分です。

解雇はすべての懲戒処分のうちで最も重い処分であるため、トラブルになることが多いです。解雇については、以下で詳しくご説明します。

●客観的に合理的な理由のない解雇は無効

一般的に解雇は、「クビにする」とか「クビを切る」と言われます。経営者としても解雇は大変なことですが、職場の秩序や経営を守るために、時と場合によっては決断しなければならないこともあります。

また、解雇は労働者にとっても大きな影響を受けることですので、法律でも次のような規制や解雇までの手続きを定めています。

解雇は、客観的に合理的な理由を欠き、社会通念上相当であると認められない場合は、その権利を濫用したものとして無効とされます（労働契約法第16条）。

わかりやすく言うと、客観的に合理的な理由がない限り、使用者の解雇権行使は、解雇権濫用で無効としています。もちろん、個人経営でも法人経営でも同じです。

「客観的に合理的な理由」とは、誰もが辞めさせられてもしかたがないと思えるような理由のことです。具体的には次のような状態や行為とされています。

①業務遂行能力がないと認められるとき

②身体または精神に疾病や障害などがあり、業務に耐えられないと認められるとき

③出勤不良であると認められるとき

④企業秩序違反が認められるとき

⑤非違行為を行なったと認められるとき

⑥経営の悪化により人員整理が必要であると認められるとき

また、同じ条文の中にある「社会通念上相当」とは、労働者の行為や状態と解雇処分が妥当であるかということです。たとえば、労働者の行為が軽微であるにもかかわらず解雇を行なった場合などは、社会通念上相当とは言えないことになります。

また、次の期間は解雇できないことになっています（労働基準法第19条）。

①業務上負傷し、または疾病にかかり療養のため休業する期間およびその後30日間。ただし、療養開始後3年を経過しても治らない場合で、平均賃金の1200日分を支払うときは解雇することができます。

②産前産後の女性が出産により休業する期間（産前6週間〈多胎妊娠の場合は14週間〉、産後8週間）の期間およびその後30日間。

●解雇の手続き

使用者は、労働者を解雇しようとする場合においては、少なくとも30日前にその予告をしなければなりません。30日前に予告をしない使用者は、30日分以上の平均賃金を支払うことになっています（労働基準法第20条）。

この条文のポイントは次の2つです。

①解雇する場合は、少なくとも30日前に予告をする。

②それができない場合は30日分以上の平均賃金（解雇予告手当）を支払う。

（①と②の組み合わせも可能。たとえば、10日前に解雇予告、20日分は解雇予告手当で支払う）

ただし、行政官庁の認定を受けて、天災事変（地震・津波・台風などによる災害）その他やむを得ない事由のために事業の継続が不可能となった場合などは、30日前の予告もしくは解雇予告手当の支払いは必要はありません。

なお、次の労働者には、解雇の手続きは不要になっています（労働基準法第21条）。

①日々雇用される人で、継続して使用される期間が1カ月以内の労働者。

②2カ月以内の期間を定めて使用される労働者で、その期間を超え、継続して使用されることのない労働者。

③季節的業務に4カ月以内の期間を定めて使用される労働者で、その期間を超え、継続して使用されることのない労働者（農作業の多くは季節的業務に該当）。

④試用期間中の労働者で、その期間が14日を超えていない労働者。

さて、就業規則などで定める解雇には、次に説明する懲戒解雇・普通解雇・整理解雇の3種類があります。

●懲戒解雇

懲戒解雇とは、長期の無断欠勤、金品横領、職務上の不正、重大な過失、重大な犯罪行為などの理由により行なわれる解雇です。

懲戒解雇はその事由を就業規則に規定しておく必要があります。

懲戒解雇の場合、労働基準監督署長の解雇予告除外認定により、事前の解雇予告や解雇予告手当の支給は不要になります。

労基署や労働局に相談できること

Q 勤務不良を理由に従業員の日給を下げました。その際、勤務態度が改善されれば給料を元に戻すことも伝えましたが、従業員は納得せず労働基準監督署へ相談に行きました。

その後、労働基準監督署からの連絡はなく、従業員の勤務態度も改善してきています。労働基準監督署への相談はどのようになっているのですか。

A 各労働基準監督署には「総合労働相談コーナー」があります。従業員と事業主のどちらからの相談も受けています（事業主からの相談件数は約1割）。

相談員の多くは、元企業の人事部門の経験者です。法律や判例の説明だけでなく、経験に基づいたアドバイスもしてくれます。御社の従業員を担当した相談員も中立的な立場で対応したので、従業員も減給の措置に納得されたのだと思います。

相談は面談だけでなく、電話でも対応してくれます。予約不要、無料です。相談できる内容は、解雇、雇い止め、配置転換、賃金の引下げ、募集・採用、いじめ・嫌がらせ、パワハラなど、あらゆる分野の労働問題を対象としています。

また、労基署の総合相談コーナーで解決できない問題は、都道府県労働局に設置されている「あっせん」や「調停」制度を利用することもできます。

従業員と事業主の職場トラブルは、これまで裁判で解決するのが一般的でしたが、裁判には多くの時間と労力、費用を要します。

裁判は原則公開で行なわれるため、当事者が互いに社会的信用や心を傷つけ合い、結果として「勝った」「負けた」の関係を生むため、円満な労使関係を回復することはむずかしくなります。

そこで、最近では裁判によらない職場トラブルの解決手段として、話し合いによって解決を目指す「あっせん」や「調停」が活用されるようになっています。労働局の「あっせん」や「調停」は、裁判に比べて申し立て手続きが簡単で、非公開のうえ無料で行なえます。

また、懲戒解雇は懲罰処分であるため再就職がしにくくなります。そのため、諭旨解雇（情状を考慮して自発的に退職させる）にすることもあります。

●普通解雇

普通解雇とは懲戒解雇以外の事由による解雇のことを指します。一般的に、単に解雇という場合は、普通解雇を指します。この後に説明する整理解雇も普通解雇に属するものです。

普通解雇の事由も就業規則に規定しておく必要があります。また、普通解雇は労働者へ30日前までの解雇予告、あるいは30日分の解雇予告手当の支給が必要になります。

一般的な普通解雇の例としては、無断欠勤など労働義務不履行、勤務成績不良・能力不足、心身の故障など労務提供不能、業務命令違反などがあります。ただし、それらは業務への影響や、注意、回数などをふまえて十分検討された後に解雇を行なう必要があります。

●整理解雇

整理解雇とは、業績の悪化により事業の継続が困難となった企業が、人員整理として余剰労働者を解雇することです。一般的にいうリストラは整理解雇にあたります。

整理解雇は、次の4要件を原則として満たすことが必要です。

①人員整理を行なう経営上の必要性があること
②解雇を避けるための努力がなされていること
③解雇される人間の選定基準が妥当であること
④事前に従業員側に対し説明・協議が十分であること

6 労働基準監督署の調査

●調査には強制力がある

労働基準監督署（労基署）の労働基準監督官は、突然調査にやって来ることがあります。法人事業だけでなく、個人事業でも人を雇っていれば調査に来る可能性があります。

税務署の調査官の調査は原則的には任意ですが、労働基準監督官には強制的に事業所に立ち入り調査をする権限が与えられています。さらに法違反が悪質な場合は、逮捕・送検することができる権限まで持っています。労基署の調査はあなどれません。

労基署の調査は、正式には「臨検《りんけん》監督」といい、次の4種類があります。経営者の労務管理が適切で、労使関係が良好であれば、定期監督以外の調査を受けることはありません。

（1）定期監督

最も一般的な調査です。労働基準監督署が任意に事業所を選び、法令全般にわたって調査をします。原則は予告なしでも調査できますが、多くは事前に調査日程を連絡してから来ます。

労務相談
ここが聞きたいQ&A ㉑

5S活動って何？

Q 先日「5S活動」を行なっているという農場の倉庫内の写真を見ました。農具が取り出しやすいように整然と並び、整理整頓が行き届いていました。5S活動とは何ですか。

A 5S活動は、工場など製造業の職場改善活動として多くの企業で実践されています。最近は、農業法人でも取り入れられるようになってきました。

5Sとは、整理・整頓・清掃・清潔・習慣の頭文字を取ったものです。

（1）整理とは、要るモノと要らないモノを区分して、要らないモノを処分すること。

（2）整頓とは、必要なモノが、すぐに取り出せる状態にしておくこと。

（3）清掃とは、ゴミなし汚れなしの状態にすること。

（4）清潔とは、ゴミなし汚れなしの状態を保つこと。

（5）習慣とは、これらの活動を継続的に実行すること。

5S活動が定着してくると、職場のきれいな状態を維持するため、従業員が自主的に活動するようになるといわれています。

結果として、5S活動は作業の効率化や労災事故の未然防止につながります。そのため、労働基準監督署でも5S活動を推奨しています。

（2）申告監督

従業員もしくは退職者から、残業代が払われないとか、不当解雇されたなどと労働基準監督署に申告（通報）があった場合に、その申告内容について確認するための調査です。

この申告監督の場合、労働者を保護するために「申告監督」であることを明らかにせず、定期監督のように行なうケースもあります。未払い残業代など思いあたる事案がある場合は、誰かが労基署へ通報したと考えたほうがよいかもしれません。

また、誰が通報したか特定できる場合があります。でも、通報した者に対して「よくも労基署へ申告したな。こらしめてやる」とは決して考えないでください。使用者が申告した労働者を不利益に取り扱うことは禁止されています（労働基準法第１０４条）。

（3）災害時監督

一定程度以上の労働災害が発生した場合に、原因究明や再発防止の指導を行なうための調査です。

たとえば、農業機械に装備しておくべき安全装置が取り付けられていなかったことに起因して従業員が大ケガをした場合などは、災害時調査を受ける可能性があります。

（4）再監督

監督の結果、是正勧告を受けたのに指定期日までに「是正報告書」を提出しなかった場合や、事業所の対応が悪質であった場合などに、再度行なわれる調査です。

●他産業で多い違反

労働基準監督署の調査では、労働基準法や関係法に対する違反がないかを調べられます。

他産業を中心にした調査では約7割の会社で法違反が指摘され、是正勧告が出されています。多い違反は、「労働時間」「安全衛生」「割増賃金」です。日頃から、これらの是正勧告を受けないように、注意する必要があります。

ところが、「安全衛生」以外は、農業は労働基準法の適用除外になっています。ですから、この本で説明していますように、経営実態に合わせて労働時間を設定したり、割増賃金は支払わないとすることで、法違反の指摘は少なくなります（ただし、農業でも深夜労働の割増賃金は必要です）。

また、安全衛生違反で多いのは、従業員健康診断の未実施です。農業でも定期健康診断は行なって「健康診断個人票」（健康診断の記録）を作成し、5年間保存する必要があります（第1章の4節　法定の重要書類、41〜48ページ参照）。

第3章　賃金

1 賃金形態

賃金形態とは、賃金計算を「1時間」「1日」「1カ月」「1年」のどの単位で行なうかにより、「時給制」「日給制」「月給制」「年俸制」に分類されます。

●日給制と月給制の違い

ハローワーク（公共職業安定所）や労働基準監督署で用いられている賃金形態の種類は表14のとおりです。求人を出す際にも、賃金形態の記入が必要ですので、ここで確認してください。

農業経営者のなかには、日給制のことを日給月給制と誤解している方が多くいます。誤解している方は「日給月給制だけど、1カ月分まとめて支払う給与だから日給月給制だ」と言われます。しかし、この賃金形態は「月払いの日給制」であり、あくまでも「日給制」です。

日給制の賃金は、勤務日数により毎月変動します。一般的に農業では、夏期は勤務日数が多いため給料も多くなりますが、反対に冬期は勤務日数の減少に応じて給料も少なくなります。

月給制は日給制と異なり、毎月の基本的な賃金は同額です。そのため、正社員には定着のためにも生活が安定する月給制が望ましいと考えています。

●月給制には日給月給制と完全月給制がある

月給制には、「日給月給制」と「完全月給制」があります。日給月給制は、欠勤や遅刻早退したらその分月給から差し引く方式で、一般企業も農業法人も月給制のほとんどは日給月給制です。完全月給制は、欠勤・遅刻などがあっても、月給を全額支払う方式です。少数の企業ですが管理職に適用している例があります。ハローワークでは、完全月給制のことを月給制と表現している場合があります。当然ですが、「日給月給制」でも欠勤等がなければ、「完全月給制」と同額になります。

また、正社員は必ず月給制にしなければならないと勘違いしている使用者がいますが、農業の正社員のなかには、時給制や日給制の人もいます。他産業でも、飲食業や整備業では時給制の社員も珍しくありません。

正社員と非正規社員（アルバイト・季節労働者など）の基本的な違いは、雇用期間です。雇用期間の定めがない場合は、原則、正社員となります。

2 賃金の決め方・支払い方

●賃金体系を決める

賃金は、雇い主が働く人に対して、労働の対価として支払うものの総称です。「賃金体系」とは、月例賃金の基本給と諸手当の構成のことです。諸手当とは、通勤手当・家族手当・管理職手当・時間外労働手当などです。また、賞与、退職金なども含めて賃金体系という場合もあります。

さて、月例賃金は所定内賃金と所定外賃金に分かれます。所定内賃金とは、たとえば月給なら1カ月という「一賃金支払い期間」の所定労働時間を勤務した場合に支払われる固定的な賃金をいいます。所定内賃金は、基本給だけの事業所もありますが、通勤手当などの諸手当をつけている事業所のほうが多いです。

一方、所定外賃金とは所定外労働を行

表14　賃金形態と内容

賃金形態		内容
時給制		1時間を単位として金額を定め、勤務時間数に応じて賃金を支給する制度。アルバイトやパートタイマーに多く用いられる。（賃金＝時給×勤務時間数）
日給制		1日を単位として金額を定め、出勤した日数に応じて賃金を支給する制度。1カ月分まとめて支払う「月払いの日給制」は、日給制であるので要注意。（賃金＝日給×勤務日数）
月給制		1カ月を単位として金額を定め、労働日数が暦で変化しても同額賃金を支給する制度。月給制には「日給月給制」と「完全月給制」がある。
月給制	日給月給制	欠勤や遅刻早退に対しては相当する賃金を月給から差し引く方式。農業だけでなく他産業の会社も、月給制のほとんどは「日給月給制」である。
	完全月給制	欠勤・遅刻などにかかわらず、月給を全額支払う方式。
年俸制		1年を単位として賃金を定める制度。プロ野球選手や成果主義人事制度の企業で採用されている。なお、賃金の支払いは年1回ではなく、「毎月払いの原則」により年俸額を分割して毎月支払われる。

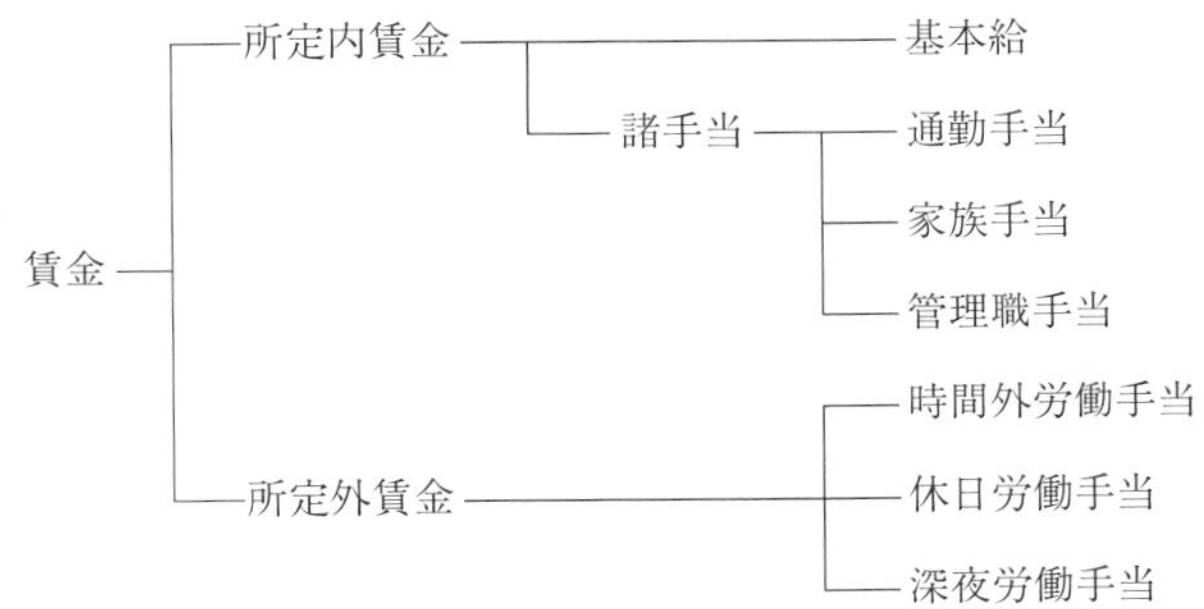

図14　賃金体系の例

なうことで発生する賃金で、具体的には時間外・休日・深夜労働手当です。いわゆる残業代で、農業でも必ず支払う必要があります。

標準的な賃金体系を図示すると、前ページの【図14】のようになります。

（1）基本給

基本給は、本人の年齢、学歴、経験および作業内容などによって、各人ごとに決定される賃金です。

さて、求人の際には基本給を表示する必要があります。実際には「基本給○万円～○万円」と経験等を考慮した表示にしていることが多いです。経営者として基本給の基準を決める要素は、①経営体の支払い能力、②仕事の内容、③地域の賃金相場になります。

「地域の賃金相場」を簡単に調べるには、次の厚生労働省のサイトがあります。都道府県・業種別・年齢別の平均的な賃金（月給・時給・賞与）が公開されています。

【賃金引き上げ特設ページ「地域・業種・職種ごとの平均的な賃金検索」】

※検索できる業種に農業はないので、食料品製造業が参考になります。

基本給は、たとえ農畜産物価格が下がったからといっても、変更はむずかしいものです。ですから、基本給は慎重に設定し、利益が出たら「賞与」で支払うという考え方が経営安定につながります。

また、賞与支給や基本給改定は、勤務態度・作業能力等を人事評価して行なうことが大切です。「やってもやらなくても同じ賃金」では、勤労意欲の向上に結びつきません。農業においても、人事評価を実施している法人が成長しています。（人事評価は104～112ページ参照）

（2）通勤手当

通勤手当の支給は任意です。しかし、多くの農業法人では、上限額（1万円前後）を定めて所得税の非課税限度額以内で支給しています。非課税限度額は、片道の通勤距離により94ページの【表16】のように決まっており、その範囲内の通勤手当なら税金はかかりません。

（3）家族手当

家族手当の支給も任意です。配偶者や18歳未満の子どもなどを扶養している場合に支給する手当ですが、農業

農作業の労賃の目安はどれくらい

Q 農繁期だけ雇用していますが、標準となる料金はありますか。

A 多くの農業委員会では毎年「農作業標準労賃」を地元JAとも協議して設定しています。また、農業委員会やJAのなかにはホームページに載せているところもあります。

この労賃設定は、最低賃金だけでなく①経済見通し、②消費者物価指数、③農業生産資材価格指数、④春闘賃金アップ率見通し等も考慮して算出されています。また、標準の機械作業料金表も提示されています。【表15】のように、機械作業の場合は時間ではなく、面積を基準に作業料金が決められています。

表15　農作業料金表（例）

1. 農作業労賃

作業名		単位	金額	備考
稲作	田植作業	1時間	最低賃金＋50円～	植え付け準備作業、消毒作業含む
	一般作業	1時間	最低賃金＋30円～	
畑作・花卉	一般作業	1時間	最低賃金＋30円～	
果樹	剪定作業	1時間	最低賃金×2倍～	接木作業含む
	一般作業	1時間	最低賃金＋30円～	摘果（花）・収穫荷造作業含む
酪農	搾乳作業	1時間	最低賃金×1.5倍～	

2. 機械作業料金（税込）

作業名		単位	金額	備考
機械作業	水田耕起	10a	7,000 ～ 8,500円	深耕10cm以上
	畑の耕起	10a	4,500 ～ 8,500円	耕地の不整形、小面積は別に考慮
	水田代かき	10a	6,500 ～ 9,500円	縦横
	田植作業	10a	6,500 ～ 9,500円	植付のみ
	稲刈りコンバイン	10a	16,000 ～ 25,000円	結束込み
	草刈り作業	10a	5,000 ～ 11,000円	乗用草刈り機による作業

表16　マイカー通勤の非課税となる1カ月当たりの限度額　（単位：円）

片道の通勤距離	1カ月当たりの限度額
2㎞未満	（全額課税）
2㎞以上10㎞未満	4,200
10㎞以上15㎞未満	7,100
15㎞以上25㎞未満	12,900
25㎞以上35㎞未満	18,700
35㎞以上45㎞未満	24,400
45㎞以上55㎞未満	28,000
55㎞以上	31,600

法人等で支給しているところは少ないです。

（4）管理職手当

管理職手当の支給も任意です。管理職手当は「管理監督者」に支給するものです。管理監督者とは、経営者と一体的な立場にある農場長等で、①重要な職務と権限が与えられていること、②出退勤について管理を受けないこと、③賃金面でその地位に相応しい待遇がなされていることが前提になります。単なる職責手当（主任手当や係長手当）とは異なります。

管理監督者が所定労働時間を超えた場合は、管理職手当をもって時間外労働手当および休日労働手当に代えることができます（ただし、深夜労働手当は管理監督者にも支払いが必要です）。

（5）所定外賃金

所定外賃金である時間外労働手当・休日労働手当・深夜労働手当は、該当する労働をさせた場合には支払う必要のある賃金です。

●給与計算の方法

基本給や諸手当が決まっていても、そのまま給与（月例賃金）として支払うことはできません。給与支払いの際に、控除しなければならない社会保険料や税金があるからです。毎月の支給総額から控除金額を減算して、従業員別に手取り給与を計算することを「給与計算」といいます。給与計算は少し面倒なので、社会保険労務士や税理士に依頼している農業法人もあります。

給与計算は次の順序で行ないます。

（1）支給総額の計算

給料の総額を計算します。タイムカードや出勤簿をもとに、時間外労働手当、休日労働手当等を計算します。さらに、規定があれば通勤手当、家族手当等を加算します。逆に、欠勤や遅刻早退があれば減額します。

（2）社会保険料を控除

健康保険料、介護保険料、厚生年金保険料の従業員負担額を控除します。これらの保険料は、標準報酬月額（「標準報酬月額」とは、健康保険や手当金を計算する元となるもので、その額の大きさは1～47級にランクづけられる。4～6月給与実績によって決まる）に、保険料率を掛けて計算します。

なお、全国健康保険協会（協会けんぽ）の保険料率は、都道府県によって異なります。

（96ページ囲み内の保険料率は令和6年1月現在）

労務相談
ここが聞きたいQ&A ㉓

6次化で直売所や農産加工を始めたときの労災保険料率

Q 農業生産の他に、6次産業化を目指して直売所と農産物加工を始めたいと思います。これからも、従業員や事業利益の大部分は農業生産部門です。農業生産部門以外の職種の労災保険料率はどうなりますか。

A 労災保険の適用は、事業場単位になっており、職種ごとの扱いではありません。原則1事業場1業種の適用であり、複数の業種をこなしている場合には、そのなかで主となる業種が適用されます。

また、場所的に独立していても従業員が少なく、事業の独立性がないものは、ひとつの事業として取り扱われます。

御社の場合は従業員や事業収入の状況から、主たる業種は農業と考えられます。

①健康保険料の控除
標準報酬月額×49.8／1,000（全国平均）
……事業主負担額も同額
②40歳から65歳未満の従業員は、介護保険料の控除
標準報酬月額×9.1／1,000
……事業主負担額も同額
③厚生年金保険料の控除
標準報酬月額×91.5／1,000
……事業主負担額も同額

(3) 雇用保険料を控除

雇用保険料の従業員負担額を控除します。雇用保険料の負担額は、事業主と従業員で異なります（下の囲み内の計算式、雇用保険料率は令和6年1月現在）。

〈農業一般の雇用保険料率による従業員負担額〉
給与総支給額×7／1,000（…事業主負担額は給与総支給額×10.5／1,000）
〈酪農・養鶏・養豚・牛馬育成の雇用保険料率による従業員負担額〉
給与総支給額×6／1,000（…事業主負担額は給与総支給額×9.5／1,000）

(4) 所得税・住民税を控除

所得税の計算は、給与支給総額から、非課税の通勤手当を控除します。さらに、社会保険料、雇用保険料を控除します。その金額と扶養親族の人数を、源泉徴収税額表に当てはめて、所得税額を算出します（源泉徴収税額表は国税庁のサイトに掲載されています）。

住民税の納税方法は、従業員が自分で納税する普通徴収と、会社が給料から天引きして納税する特別徴収の2種類があります。給料計算に関係してくるのは、特別徴収の場合です。従業員が住んでいる市町村から、毎年5月に、6月以降の住民税額の通知が会社に届きます。毎月、天引きする金額が、記載されていますので、その金額を給料から控除することになります。

表17　給与明細書（例）

<農業法人>

年　　月　給与明細書

氏名　　　　　　　　殿

労働日数	日（出勤簿から転記）	
労働時間	時間　分（出勤簿から転記）	
残業時間	時間　分（出勤簿から転記）	
支給金額	基本給	200,000
	時間外手当	
	通勤手当	
	支給合計	200,000
控除金額	健康保険料	9,960
	介護保険料	1,820
	厚生年金保険料	18,300
	雇用保険料	1,400
	所得税	3,620
	住民税	
	控除合計	35,100
差引支給額		164,900

<農業個人事業>

年　　月　給与明細書

氏名　　　　　　　　殿

労働日数	日（出勤簿から転記）	
労働時間	時間　分（出勤簿から転記）	
残業時間	時間　分（出勤簿から転記）	
支給金額	基本給	200,000
	時間外手当	
	通勤手当	
	支給合計	200,000
控除金額	健康保険料	
	介護保険料	
	厚生年金保険料	
	雇用保険料	
	所得税	4,770
	住民税	
	控除合計	4,770
差引支給額		195,230

＊この項目と数字は、①基本給200,000円、②扶養親族なし、③健康保険料率は全国平均、④介護保険料徴収対象、⑤雇用保健料率は一般農業、⑥住民税は普通徴収を前提としたもの

（5）給与明細書の作成

従業員に給与を支払うときには、給与の内訳を記した給与明細書を発行します。給与明細書の様式はとくに定められていませんが、記載する項目は【表17】のようになります。

●労働・社会保険料の事業主負担額

これまでの給与計算でお気づきになったと思いますが、従業員の労働・社会保険料負担額は結構多額になります。従業員が、「給料の額面はまずまずだが、手取りが少ない」と嘆く原因のひとつになっています。

ところが、従業員以上に事業主の労働・社会保険料負担額は多いのです。【表18】で示していますが、事業主にはさらに労災保険料や子ども・子育て拠出金の負担があります。

事業主負担額を合計しますと、給

料の約18％になります。たとえば、年間給与200万円の従業員には、給与のほかに約35万円も事業主負担額を支払っているのです。ですから、社会保険に加入している農業法人で人件費を考える場合には、「給与×1・18」で計算する必要があります。

表18　労働・社会保険の保険料率　令和6年1月現在

	全体	事業主負担	従業員負担
労災保険（農業）	13.0／1000	13.0／1000	なし
雇用保険（農業一般）	17.5／1000	10.5／1000	7／1000
（酪農、養豚、養鶏、牛馬の育成）	15.5／1000	9.5／1000	6／1000
健康保険（注1）	99.6／1000	49.8／1000	49.8／1000
介護保険（注2）	18.2／1000	9.1／1000	9.1／1000
厚生年金保険	183.0／1000	91.5／1000	91.5／1000
子ども・子育て拠出金（注3）	3.6／1000	3.6／1000	なし

注1　健康保険保険料率は都道府県で異なる。表の数字は令和5年度全国平均
注2　対象は40歳以上65歳未満
注3　厚生年金保険の適用事業所は、子ども・子育て拠出金も納付する

表19　労働・社会保険料の負担額（例）　令和6年1月現在（円）

	労災保険	雇用保険	健康保険	介護保険	厚生年金	子ども・子育て拠出金	合計
事業主負担額	2,600	2,100	9,960	1,820	18,300	900	35,680
従業員負担額	なし	1,750	9,960	1,820	18,300	なし	31,830
合計	2,600	3,850	19,920	3,640	36,600	900	67,510

＊月額賃金が20万円（標準報酬月額20万円）の保険料負担額（前提：雇用保険料率は農業一般、健康保険料率は全国平均、介護保険料徴収あり）

●賃金支払いの5原則

賃金（給与）は労働者とその家族の重要な生活の糧ですから、確実に賃金が支払われるように、次の5つの原則が定められています（労働基準法第24条）。

（1）通貨払いの原則

賃金は、通貨で支払わなければなりません。金融機関への振込による支払いは、本人の同意（口頭でもよい）が必要です。

農産物などでの現物支給は禁止されています。ただし、労働組合と労働協約で定めをすれば現物支給が認められます。労働協約とは、労働組合と使用者の間で作成するものです（労働組合法第14条）。労働組合のない事業所では労働協約は結べず、現物支給はできません。

（2）直接払いの原則

賃金は、直接労働者に支払わなければなりません。これは労働者を仲介した人などによるピンハネや、子どもの賃金を親が食い物にすることなどを防止するためです。

賃金控除に関する協定書

○○株式会社（以下「会社」という）と、○○株式会社従業員代表（以下「従業員代表」という）とは、労働基準法第24条第１項ただし書きの規定に基づき、賃金控除に関し、次のとおり協定する。

１．この協定の対象となる賃金は、毎月支払われる賃金とする。

２．会社は、賃金支給の際には、次に掲げるものを控除して支給することができる。
(1)
(2)
(3)
(4)

３．この協定は、　年　月　日から有効とする。

４．この協定は、当事者いずれか一方から相手方に対し、１カ月前に文書による破棄を通告しない限り効力を有するものとする。

年　月　日

○○株式会社
代表取締役　○○○○　印
従業員代表　○○○○　印

図15　賃金控除に関する協定書（例）

（３）全額払いの原則

賃金は、全額支払わなければなりません。さまざまな名目で賃金が減額されることを防止するためです。ただし、次の場合は控除できます。

①法令に別段の定めがある場合……税金、社会保険料などは控除できます。

②労使協定がある場合……【図15】のような「賃金控除に関する協定書」を結ぶと、「親睦会費」や「団体生命保険料」などを控除できます（労使協定とは、使用者と労働者の過半数代表者との間で結ぶ書面による協定のことをいいます。労働協約とは異なり労働組合がなくても結ぶことができます）。

（４）毎月払いの原則

賃金は、毎月１回以上支払わなければなりません。たとえ年俸制で賃金を定めている場合であっても、年額を12等分するなどして毎月１回以上支払いする必要があります。

（５）一定期日払いの原則

賃金は、一定の期日を定めて支払わなければなりません。忙しい月もあるからと支払い日に幅（たとえば、20日〜25日の間）を持たせておくことはできません。

3　賃金のトラブルで訴えられないために

賃金のトラブルで訴えられないために最低限行なわねばならないことは、①最低賃金（最賃）以上を支払うこと、②残業させた場合は残業代を支払うことです。とくに、残業に関するトラブルは農業でも増えていますので、注意が必要です。

●最低賃金額以上を支払う

最低賃金制度とは、国が労働者の賃金額の最低限度を定め、使用者に罰則付きでその遵守を強制する制度です。仮に最低賃金より低い賃金を労使合意のうえで定めても、それは法律により無効とされ、最低賃金額と同額の定めをしたものとみなされます（最低賃金法第4条）。

この制度は、正規従業員だけでなく、アルバイト、パートタイマー、季節労働者、外国人労働者等にも適用されます。しかし、精神または身体の障害により著しく労働能力の低い者等については、都道府県労働局長の許可が得られれば適用除外になります。

農業に該当する最低賃金は「地域別」といわれるもので、都道府県ごとに時間額で定められており、都道府県労働局のサイトで確認できます。

最低賃金の対象となるのは基本的な賃金で、通勤費・家族手当・残業代・ボーナスは含まれません。

支払っている賃金が最低賃金額以上であるかは、次の方法で調べられます（上記囲み内の計算式）。

①時間給制の場合……
時間給≧最低賃金額（時間額）
②日給制の場合……
日給÷1日の所定労働時間≧最低賃金額（時間額）
③月給制の場合……
月給÷1カ月平均所定労働時間≧最低賃金額（時間額）

●残業の認識は厳しく

残業代とは、労働者に所定労働時間を超えて労働させた場合の時間外労働手当のほかに、休日労働手当や深夜労働手当も含めているのが一般的です。

農業は、他産業に比べると残業になりやすい実情があります。たとえば、圃場で仕事をしていると終業時刻になっても、農作業の区切りがつくまではなかなか終了できません。「この田んぼまで、田植えをしてしまおう」「この畑の収穫は今月中に終わらせよう」となります。ましてや、経営者やその家族が仕事を継続していると従業員も帰りづらいものがあります。そのためズルズル残業になってしまいます。

もちろん、残業代を支払っていれば問題ありません。

しかし、農業経営者のなかには、「こちらから残業は命じていない。従業員が自発的に残業してくれたのだから、残業代は払わない」と言う人がいます。しかし、自発的であっても使用者がそのことを知りながら残業を中止させず放置していたような場合には、使用者はその残

労務相談
ここが聞きたいQ&A ㉔

残業代の計算方法は

Q 残業代支払いの計算方法を教えてください。

A 残業代は、その労働者の時間給に残業時間および割増率を掛けた金額になります。時間給は次により算出します。

①日給制の時間給＝日給／所定労働時間

②月給制の時間給＝月給／1カ月平均所定労働時間

月給には諸手当が含まれることがありますが、「通勤手当」や「家族手当」は残業代の算出では除外することができます。

このほかに、除外できる手当として「別居手当（単身赴任手当）」「住宅手当」「1カ月を超える期間ごとに支払われる賃金（賞与）」などがあります（労働基準法第37条）。

除外の判断は手当の名称より実態によります。たとえば、通勤手当なら距離、住宅手当なら家賃に比例して支給しているものとなります。

名称だけこれらの手当に該当しても一律支給の場合には、除外することができません。

業を認めたことになり、残業代を支払うことになります。「黙示の残業命令」があったとされます。農業経営者は残業の認識を厳しくする必要があります。

最近は、弁護士のなかにも未払い残業代請求訴訟の代理業務を扱う人が増えています。未払い残業代は、3年間さかのぼって支払うことになります。元従業員へ残業代を130万円支払った、ある農業経営者は、「サービスで残業しているのだと思っていた。まさか弁護士に頼んで残業代を請求してくるとは考えもしなかった。食べ物や衣類も差し入れていたのに」と嘆いていました。でも、この農業経営者はまだよかったと思います。それは、小規模で従業員1人だったからです。従業員が5人いたら10人だったらと考えるとゾッとします。

近頃の労働者は、インターネットからの情報で労働法の知識も豊富です。「残業代は法律で支払うことになっている」「未払い残業代は労働基準監督署に相談するか、それがダメなら弁護士に依頼して裁判で請求する方法がある」このくらいの知識は皆持っていると考えておくべきです。

●残業代を減らす方法

農業には、残業代を減らす方法があります。

(1) 所定労働時間を長めに設定

残業代は、所定労働時間を超えた労働に対して支払うものです。農業は、他産業のように労働時間を1日8時間・1週40時間以内にするという規制がありません。ですから、農繁期の所定労働時間を長くすることにより残業の発生を抑えることができます。

(2) 割増はつけない

他産業では、1日8時間・1週40時間を超えて時間外労働させると通常賃金の2割5分増し以上、休日労働には3割5分増し以上、深夜労働には2割5分増し以上の割増賃金を支払うことになっています。さらに、労働基準法が改正され、1カ月に60時間を超える時間外労働に対しては5割増し以上の割増賃金を支払うことになりました。

農業は、時間外・休日労働に対する割増は適用除外になっています（深夜労働は除外ではありません）。ですから、「時間外・休日労働させた場合は通常賃金（通常勤務の時間割賃金）を支払う」とすれば割増分の残業代は不要になります。

割増分は、所定時間内に一生懸命働き、残業にならないように頑張っている従業員の方へ賞与で与えたほうが職場の勤労意欲は向上すると考えます。

（3）労働時間の繰り上げ、繰り下げ

「雨上がりで圃場がぬかるんで午前中は作業ができない」「稲穂が湿気って午前中は稲刈りできない」こんな

労務相談 ここが聞きたいQ&A ㉕

農業は年俸制もあり？

Q 農業の売上は、毎月はありません。ですから、従業員への給料は、月給制よりプロ野球選手のように年俸制が適していると思うのですが、いかがですか。

A 年俸制は、年間単位で仕事の実績・貢献度に基づき、支払い総額を決める制度です。プロ野球で年俸制が定着している理由のひとつは、実績・貢献度が客観的データで記録され、評価基準がはっきりしていることです（具体的には、打率、出塁率、得点など）。

あまり知られていませんが、年俸で提示された金額がドンと1回で支払われることはありません。労働基準法で「毎月1回以上の支払い」が定められているからです。実務としては、年俸金額（たとえば360万円）を12分割して月々（30万円）支給するケースが一般的です。

農業法人のなかにも、入社10年位から年俸制を採用している農場があります。

農業で年俸制を導入している農場は、年度初めに目標売上高または目標生産数量、品質比率（優良比率）等を決めます。その目標を上回ることが、年俸アップの条件になります。

農業は野球と異なり、農業で一人前になるには、時間がかかります。一人前になったら、年俸制も選択できるコースを設けることはよいと思います。

日は、お昼頃までやることがありません。逆に、午後は必死にやっても仕事が間に合わず残業になってしまいます。このような事態が予想される場合に取り入れてほしい制度が、「労働時間の繰り上げ、繰り下げ」です。

たとえば、始業8時～終業18時でしたら、前日までに使用者が「○日（または○日～○日まで）の始業時刻は10時」と指示します。そうすれば、該当日は、始業10時～終業20時に変更できます。

この制度を導入するには、就業規則に「会社は、業務の都合により、始業時刻および終業時刻を繰り上げまたは繰り下げることがある」と規定する必要があります。巻末の農業の就業規則例の6ページを参照ください。

(4) 固定残業制の検討

固定残業制とは定額残業制ともいわれるものです。「残業代込み25万円の月給」で従業員を雇用したいときに、たとえば「月給20万円、固定残業手当5万円」と提示するやり方です。もちろん、残業時間が5万円分に達しなくても支払います。

固定残業制を導入するときの留意事項は次のようになります。

①就業規則に固定残業手当として何時間分を支給するのか、次の例のように、明示すること。

〈就業規則規定例〉

固定残業手当は、時間外・休日・深夜労働○時間分を定額で支給する。ただし、実際の労働時間で計算した額が固定残業手当の定額を超える場合は、その差額を別途支給するものとする。

②雇用契約書や賃金台帳に固定残業手当がいくらなのかを記載すること。

③すでに従業員がいる場合は同意を得ること。

④基本給が最低賃金を下回らないこと。

4 人事評価

人事評価とは、経営者が従業員の技術能力や勤務態度などの評価を労務管理の一環として行なうものです。人事評価は、従業員のやる気を向上させます。「仕事をやっても評価されるわけではなく、やらなくても給料が下がることもない」では、従業員は仕事をしなくなります。

また、人事評価は農業経営者の共通的課題である「長く勤めてもらう」ためのツールになります。

ほとんどの農業経営者は、人事評価とまではいわなくても従業員の「農業技術レベル・作業速度・正確性・勤務態度」などは把握しています。これから紹介する人事評価は、「役割等級制度」といわれ、多くの企業で導入されています。評価視点は、「役割」・「技術」・「行動」とシンプルなので、少人数の農場でも導入しているところが多くあります。

●農場での役割明確化

経営者が新採用従業員に求めることは、作業を指示通りに行なってもらうことです（まずは「正確に」、慣れ

労務相談
ここが聞きたいQ&A ㉖

農業でも定期昇給は必要か？

Q 毎年、テレビなどで春闘が話題になり「定昇込み○千円」など他産業の昇給状況が報じられます。農業でも、通年雇用の従業員には定期昇給が必要ですか。

A 定期昇給（定昇）は、農業でも必要だと思います。中小企業の約8割は定期昇給があるにもかかわらず、農業では3割弱です。従業員の定着率が低いことが原因のひとつと考えられていますが、人材確保のためにも他産業並みに物価上昇分（約3％）・月額3000～5000円の定期昇給は必要と考えます。

一般企業の定期昇給の多くは、査定による昇給です。会社の業績や個人の成績・成果に基づき昇給額を決めています。農業でも人事評価制度により従業員を育成し、原資となる利益を獲得することが昇給の前提になります。たとえば、次のような策が考えられます。

①耕作面積の拡大（売上増加）
②付加価値の高い農産物の生産（売上増加）
③肥料の自家生産など（経費削減）

てきたら「スピード」)。
　2、3年経験した従業員には、農業機械のオペレーターのほか、作業に必要な農具や資材を準備するなど段取りをつける役割も担ってほしいところです。
　5年以上の従業員には、作業時間を管理して次の作業を考えたり、若手やアルバイトを指導したりなどの役割も期待します。

　そして、10年ほど経験したら経営者の右腕になり、生産計画（経営計画）達成が自らの役割であるとの自覚を持つことが望まれます。

　経験年数が増えれば賃金も上がるので、より高い役割の行動が期待されるようになります。この期待への成果が人事評価の基準になります。

　従業員を階層に分けることを「等級」といい、5段階（等級）にするところが多いです。あわせて各等級の役割を明確にしています（【表20】の「農業の役割等級制度」参照）。

表20　農業の役割等級制度

1.等級別の役割定義

等級	役職名	役割定義	モデル経験年数
5等級	技監（部長）	生産計画達成のために、全従業員を統括し業務を推進する役割	10年〜
4等級	専技（課長）	経営者・技監を補佐し、担当圃場の生産計画を達成する役割	5〜10年
3等級	技師（係長）	作業時間を管理し、上司部下の連携を図る役割	3〜7年
2等級		担当作業の段取りを行ない、主体的に業務を遂行する役割	2〜5年
1等級		上司の指示に従い、定められた方式で業務を遂行する役割	1〜2年

2.習得が望ましい技術・資格

等級	役職名	技術（稲作の場合）	資格
5等級	技監（部長）	JGAP基準の遵守	
4等級	専技（課長）	施肥基準、農薬散布基準	・安全運転管理者
3等級	技師（係長）	育苗（選種・消毒・浸種・催芽・播種・緑化・硬化）、乾燥調製、精米、ドローン操縦	・ドローン認定オペレーター
2等級		播種機の操作、水かけ管理、コンバインのオペレーター、フォークリフト運転	・牽引免許 ・フォークリフト免許
1等級		圃場の名前と場所、田植え機オペレーター、草刈り機使用、トラクタ運転	・大特免許 ・日本農業技術検定3級

　また、等級に役職名をつけると従業員の関心が高まります。たとえば、一般企業では、3等級は係長、4等級は課長、5等級は部長になります。従業員数の少ない農場では、3等級は技師、4等級は専技、5等級は技監といった役職名をつけています。この役職名なら、従業員が1人でも使えます。

　いずれにしても、役職がつくことは社会的にも認められたことになるので、本人のやる気の向上につながります。

（1）技術・資格を明示

各等級の役割を発揮するには、技術や資格（免許など）が必要になります。この技術・資格を具体的に明示することが大切です。とくに習得してほしい技術は詳細に書くことです。たとえば稲作の「育苗」技術は、「選種・消毒・浸種・催芽・播種・緑化・硬化」と詳細に書きます。

技術・資格を明示すると、従業員の成長意欲も引き出すことができます。ひとつの技術をマスターすると達成感が得られ、次の技術習得への意欲がわいてきます。人間には、誰でも「成長したい」「仕事で認めてもらいたい」という欲求があります。農場で必要な「技術・資格」を明示すると、自主的に技術習得や資格に挑戦するようになってきます。

余談ですが、資格を明示すると資格マニアがいて資格ばかり取りたがるので、資格取得については経営者が指名するとしている農場があります。

（2）従業員1人でも季節従業員にも評価は必要

たとえ従業員が1人であっても、年々役割増加や技術力の向上が求められます。経営貢献が認められれば、本人が望む賃金改定も行なうことができます。

要するに、従業員の技術力が向上し、仕事が速く正確にできるようになれば、農産物の質・量が向上し、結果として増収になりますので、賃金を上げることができます。

また、農場には、通年でなく農繁期だけ雇用するといった季節従業員も多くいます。こうした季節従業員にも農業の役割等級制度は活用できます。技術力があり、従業員のまとめ役になっている人には相当の等級での処遇が、毎年来てもらえるインセンティブになります。

技術力評価として、実際に野菜農家で使用されている「作業力量評価表」（114ページ）も参考にしてください。

次に、季節従業員の等級と賃金連動の事例を紹介します。

1等級……最低賃金＋30円
2等級……最低賃金×1・1
3等級……最低賃金×1・3
4等級……最低賃金×1・5
5等級……最低賃金×2

行動面評価は仕事ができる人を基準にする

行動面評価は、従業員の「経営に貢献する行動」を基準にするためコンピテンシーという考え方に基づいています。

コンピテンシーは1970年代に、米国の心理学者マクレランド教授が、若手外交官で業績を上げている人の行動を調査したのが始まりです。業績を上げる若手外交官は、学歴や知能には関係なく、共通して「人脈を知り構築するのが早い」「嫌な相手でも人間性を尊重して話し合う」等の行動特性があることがわかりました。その後、ビジネスマンで仕事ができる人のコンピテンシーが研究され一般企業へ普及しました。最近では地方自治体や、個人経営の事業所でも取り入れられています。

コンピテンシーを平たくいうと「高業績者の行動特性」になります。コンピテンシーを導入している企業が行なっていることは、「仕事ができる人の高業績に結びつく行動を明らかにして、それを職場の行動着眼点にする」ことです。農業経営者に「御社で仕事ができる人に共通する行動は」と聞くと、「農場を手ぶらで歩かない」との答えが多くあります。要するに仕事ができる人は、何か一緒にできることはないかと常に考えるので、手ぶらで歩くことが少ないのです。当然、無駄な時間が少なくなり仕事量が多くなります。あなた自身も「農場を手ぶらで歩かない」ことを実践して効果を確かめてください。

(1) 行動着眼点は仕事ができる人の具体的行動

行動着眼点は、コンピテンシーの考え方に基づき「仕事ができる人になるには、どう行動すればよいか」を具体的に記述したものです。それを項目ごとに、まとめたものが行動着眼点集になります。

行動着眼点には、「農場を手ぶらで歩かない」のように各農場に共通するものがありますが、その農場独自のものも多くあります。

行動着眼点を作成すれば次の効果が期待できます。

①あなた（経営者）が望む行動が具体的に明示される
②仕事ができる人のノウハウが自社で共有化される
③従業員全員の行動の質が向上する

(2) 行動着眼点の作成方法

コンピテンシーによる行動着眼点を作成する方法には、

表21　コンピテンシー項目選定シート

評価	コンピテンシー項目		定義	仕事のできる人の具体的行動例
	1	冷静さ	感情に動かされることなく、落ち着いていて物事に動じない	クレームや苦情に対して感情的にならずに対応している
	2	誠実さ	仕事や他人に対して、まじめで真心がこもっている	自分のミスは素直に認めている
	3	几帳面さ	物事をすみずみまで気をつけ、少しの変化にも気がつけている	率先して整理整頓や掃除をしている
	4	慎重さ	メリット・デメリットを考え、注意深く行動する	仕事は優先順位をつけて取りかかっている
	5	ストレス耐性	落ち込むことがあっても素早く立ち直る	地味な仕事、単純作業もコツコツと継続している
	6	徹底性	一度決めたことは、途中で投げ出さず、何度でも繰り返して行なう	自分やチームで決めたことは最後まで継続している
	7	率直性	自分自身や自分の考えを包み隠さず表明する	自分の考え・意見を、皆の前で進んで発表している
	8	自己理解	自己を正確に認識し対処する	自分自身が成長するように自己目標を立てている
	9	思いやり	相手の立場や気持ちを理解し対処する	人手を必要とする人に自分から手助けしている
	10	ビジネスマナー	一流の農業人として恥ずかしくない立ち振る舞いをしている	作業衣は毎日洗濯し、清潔な服装をしている
	11	行動志向	ためになることであれば体を動かすことをいとわない	農場を手ぶらで歩いていない（一緒にできることがないか常に考えて仕事をしている）
	12	自律志向	自らの定めた規範や意義・目的に従って行動する	他人をあてにせず、独力でやりきっている
	13	リスクテイク	失敗の可能性があっても、思いきって可能性のあることに冒険を試みる	できない可能性が多くとも、成果が大きければやってみる
	14	柔軟志向	状況変化に効果的に対処している	急に雨降りになっても、予定作業が終了できるように策を考えている
	15	素直さ	相手の意見や指摘をまずは受け入れる	失敗をしたときは言い訳をせず、まずは謝っている
	16	自己改革（啓発）	自己の足りない部分や知識・技能を、自ら積極的に取り入れている	自分が取り扱う肥料や農薬は何に効くのか知っている
	17	チャレンジ性	作業改善や高い目標に果敢に取り組んでいる	ひと手間かけて○○し、品質の高い農産物にしている
	18	反転志向	意図的に逆の行動をとり、真のねらいを達成している	本人の成長を考え、あえて手を出さないでいる
	19	タイムリーな決断	どんな状況、問題でも時期を逸することなく意思決定している	判断を求められた場合は、その影響や結果を予想して返答している
	20	目標達成への執着	最後まで目標達成をあきらめず、打てる手はすべて打つ	契約出荷日を厳守するためのノウハウを蓄積している

〈評価基準〉◎ 大変必要である　○ 必要である　△ どちらともいえない　× あまり必要でない

コンピテンシー項目・定義は、人事政策研究所代表 望月禎彦氏に準拠している

人事コンサルタントに依頼し、その会社で仕事ができる人の実際の行動を観察してもらう方法があります。これは大企業で採用されていますが、多額の費用と時間がかかります。

これから紹介する行動着眼点の作成方法は「簡便式」といわれるものです。多くの中小企業で採用されて実績を上げており、農業にも適しています。

コンピテンシーに基づく行動着眼点の作成は、次の手順になります（経営者＋従業員代表で作成チームが作れればよいのですが、経営者ひとりでも十分作成できます）。

①まずは、当農場に必要な行動を109ページ【表21】の「コンピテンシー項目選定シート」から各自が5項目選択し、みんなで話し合って5項目に絞る。または、経営者が事前に5項目選択しておく（農業で選ばれることが多い項目は「思いやり」「行動志向」「チャレンジ性」）

②次に、項目ごとに自社で「仕事のできる人（経営者含む）の具体的行動や本来こうした行動をとるべきだといったものを付箋に記述（5枚程度）する。

③各自が付箋に記述した行動を1項目ずつ5～6の具体的な行動に取りまとめる。

④行動着眼点集として冊子にし、従業員に配付（次ページ【図16】の行動着眼点集）

⑤従業員は行動着眼点で実行できていない行動をチェックし、改善に取り組む。

●人事評価表―技術・行動・役割の実行状況

人事評価は、①仕事の速さ、②仕事の正確さ、③技術習得、④行動、⑤役割発揮の5項目で行ないます。

農作業の基本は「速さ」と「正確さ」ですので評価対象に入れます。具体的な評価視点は112ページ【表22】の「人事評価表」を参照ください。

「技術習得」は、等級で必要とされる技術や資格を習得したかが評価視点になります。

「行動」は、行動着眼点で示されている行動を実行したかが評価視点になります。従業員が多い農業法人では各自が実行する具体的行動を書いて提出し、それを経営者だけでなく全員で共有しているところもあります。

「役割発揮」は、等級別に定められている役割を発揮して、生産計画達成に貢献したかが評価視点になります。

経営を担う等級（4、5等級）は、この役割発揮にウエ

（表紙）

行動着眼点集
《コンピテンシー集》

これが「仕事のできる人」
年　月

㈱○○ファーム

氏　名	

《コンピテンシーによる行動着眼点について》

◎これがわが社で仕事のできる人
コンピテンシーとは、『仕事ができる人』の行動を具体的に表現したもの
仕事の成果を上げるには、仕事ができる人の行動をすればいい！
◎コンピテンシー導入の目的
①仕事のできる人のノウハウ・コツを職場で共有できる
②行動の質を高め自分自身も成長できる

《行動着眼点の評価について》
行動着眼点は、社会保険労務士も加わり、わが社で「仕事ができる人」の行動をコンピテンシー手法で分析し整理しました。
5つの項目(誠実さ、思いやり、行動志向、素直さ、チャレンジ性)に分類して、超具体的に仕事のできる人の行動を示しています。

①行動着眼点を一つずつ確認し、次の基準で自己評価して評価欄に記入してください。

評　点	評　価　基　準
A	ほぼ完璧に実行している
B	どちらかといえば実行していることが多い
C	ほとんど実行していない

②行動着眼点の項目ごとに、自分のスキルアップにつながり、自ら実行しようとする行動を1～3点選択し、重点・自分欄に○印をして提出してください。
③上司は、あなたが選んだ行動着眼点のほかに、これも実行すれば、スキルアップにつながるという行動があれば、○印を入れて返します。

項目	定義	行動着眼点	評価	重点	
				自分	上司
思いやり	相手の立場や気持ちを理解し対処する	①次の人が使いやすいように農具をきれいにして、取り出しやすいように格納している			
		②作業終了時には燃料を確認し、減っていれば入れている			
		③人手を必要とする人に自分から手助けしている			
		④簡単な質問もバカにしないでしっかり答えている			
		⑤一緒に働く人の体調変化にも気配りしている			
		⑥・・・・・			
行動志向	ためになることであれば体を動かすことをいとわない	①農場を手ぶらで歩いていない			
		②急な指示や方針変更にも、すぐに対処している			
		③出かける前に、関連作業の道具を一緒に持っていく			
		④農場から帰るときには、現場確認をしている（忘れ物はないか、やり残しはないか）			
		⑤農場の行き帰りに、他農場の良い点を観察し、取り入れている			
		⑥・・・・・			
チャレンジ性	作業改善や高い目標に果敢に取り組んでいる	①もっと効率よく作業できないかと、やり方を見直している			
		②農業資材の節減や再利用に取り組んでいる			
		③効果が期待できることには「ひと手間」かけ、品質の高い農産物に取り組んでいる			
		④技術や専門性の高い仕事に自分からチャレンジしている			
		⑤作業内容の改善による時間短縮に取り組んでいる（消毒タンクには、昼食中に少しずつ水をためて、午後すぐに散布に取りかかっている）			
		⑥・・・・・			

図16　行動着眼点集

イトをかけます。

評価は、まずは従業員本人に自己評価させます。自己評価させると、自分を過小に評価する人と、逆に過大に評価する人が出てきます。面接の際に、過小評価の人には「あなたは期待水準以上の働きだよ。自信を持って！」ということですみますが、問題は過大評価の人です。

過大評価の人には、「あなたは、まだまだ伸びるよ。だから自身では10点をつけたけど、私の評価は6点」といったアドバイスが従業員の成長につながります。

相手を否定するような「あなたは自分に甘い。大した仕事もできないくせに」などとは言わないことです。これでは人材育成になりません。

評価の目的は人材育成です。能力・行動力を発揮してスキルアップを目指す機会にします。また日々の業務において不得意な分野も明確になりますので、不得意分野を克服するきっかけにします。

表22　人事評価表

評価実施期日	年　月　日	氏名
評価対象期間	自　年　月　日	
	至　年　月　日	

評価基準
10…期待基準を大きく上回っている
8…期待基準を上回っている
6…期待基準をほぼ満たしている
4…期待基準を若干下回っている
2…期待基準を大きく下回っている

評価要素	評価視点	評価基準点	ウエイト	評価点	
				本人	上司
1.仕事の速さ	①担当する仕事の速さは適切だったか ②予定した時間・期間内に仕事をやりとげたか ③仕事の進捗状況を自己管理し、最後であわてることはなかったか	10 8 6 4 2			
2.仕事の正確さ	①指示された作業を常に正確に実施していたか ②仕事の出来上がりは適切であったか ③定められた作業手順を守っていたか	10 8 6 4 2			
3.技術習得	業務で必要とされている技術・資格を習得しているか	10 8 6 4 2			
4.行動	「行動着眼点」を実行したか	10 8 6 4 2			
5.役割発揮	自分の役割を果たし、今年度生産計画達成に貢献したか	10 8 6 4 2			
合計	ウエイトのある評価要素は、評価基準点へウエイト倍率をかけて評価点とする				
<本人コメント>					
<上司コメント>					

日本農業技術検定とは?

Q 従業員の能力アップのために「日本農業技術検定」を受験するとよいと聞いたのですが、どのような試験内容ですか。

A 「日本農業技術検定」は、農業高校の生徒や農業大学校の学生、農業法人の従業員、JA営農指導員などが対象。農業の知識や技術の修得水準を客観的に把握し、教育研修の効果を高めることを目的とした全国統一の農業専門の試験制度です。農林水産省と文部科学省が後援しています。

2007年度から日本農業技術検定協会を設けて実施し、毎年約2万5000人がチャレンジしています。とくに、農業系でない学校の出身者には、農業の基本を体系的に学べるよい機会です。たとえば、3級では「肥料の三要素」「農薬の希釈」などが学べます。農業法人等の従業員の自己啓発にはもってこいの検定です。

合格率は年度によって異なりますが、概ね3級50%・2級20%・1級10%と上位級は難関になっています。

表23　日本農業技術検定の概要

等級	1級	2級	3級
想定レベル	農業の高度な知識・技術を習得している実践レベル	農作物の栽培管理等が可能な基本レベル	農作業の意味が理解できる入門レベル
試験方法	学科試験+実技試験	学科試験+実技試験	学科試験のみ
学科試験出題範囲	共通:農業一般 選択:作物、野菜、花卉、果樹、畜産、食品から1科目選択	共通:農業一般 選択:作物、野菜、花卉、果樹、畜産、食品から1科目選択	共通:農業基礎 選択:栽培系、畜産系、食品系、環境系から1科目選択
学科試験問題数	60問〔【共通】20問+【選択】40問〕	50問〔【共通】10問+【選択】40問〕	50問〔【共通】30問+【選択】20問〕
学科試験回答方式	マークシート方式(5肢択一)	マークシート方式(5肢択一)	マークシート方式(4肢択一)
学科試験試験時間	90分	60分	40分
学科試験合格目標	120点満点中70%以上	100点満点中70%以上	100点満点中60%以上

表24　作業力量評価表（野菜栽培の場合）

レベル	レベルの基準	具体例
1	指示を受けながら作業ができる	
2	1人で作業ができる	作業スピード・作業正確性とも標準である。
3	他の社員にアドバイスができる	病害虫を見つけることができる。不良品を見分けることができる
4	作業の改善ができ、他の社員の指導ができる	作業方法・出来栄え・コスト面等の改善提案ができる。季節アルバイトの指導

作業者名	作業内容	土詰め		苗の選別				出荷		いちご						ネギ				育成管理		合計	平均点
		土詰め		定植		ラベルさし		箱詰め		収穫		葉の整理		検品		選別		出荷		病気のチェック			
○○　○○	現状と	**1**	②	**1**	②	**1**	2	**1**	②	1	**2**	1	**2**	1	**2**	1	**2**	1	**2**	**1**	②	17	1.7
○○　○○	目標設定	3	4	3	4	3	4	3	4	3	4	3	4	3	4	3	4	3	4	3	4		
○○　○○	現状と	1	2	1	2	1	2	1	**2**	1	2	1	**2**	1	**2**	1	2	1	**2**	1	**2**	25	2.5
○○　○○	目標設定	**3**	4	**3**	4	**3**	4	③	4	**3**	4	③	4	3	4	**3**	4	3	4	③	4		
○○　○○	現状と	1	2	1	2	1	2	1	2	1	2	1	2	1	2	1	2	1	2	1	2		
○○　○○	目標設定	3	4	3	4	3	4	3	4	3	4	3	4	3	4	3	4	3	4	3	4		
○○　○○	現状と	1	2	1	2	1	2	1	2	1	2	1	2	1	2	1	2	1	2	1	2		
○○　○○	目標設定	3	4	3	4	3	4	3	4	3	4	3	4	3	4	3	4	3	4	3	4		
○○　○○	現状と	1	2	1	2	1	2	1	2	1	2	1	2	1	2	1	2	1	2	1	2		
○○　○○	目標設定	3	4	3	4	3	4	3	4	3	4	3	4	3	4	3	4	3	4	3	4		

■：現状　○：目標

第4章 労働・社会保険

労働保険には、労災保険（労働者災害補償保険）と雇用保険があります。社会保険には、健康保険と厚生年金保険、また国民健康保険、国民年金、介護保険等もあります。

通常、会社等の法人が従業員を雇った場合に加入しなければならない社会保険は、健康保険と厚生年金保険です。そのため、労務管理で社会保険というときは「健康保険と厚生年金保険」を指しています。

農業においては、個人事業と法人事業で労働・社会保険の加入義務に違いがあります。

①労働保険は、個人事業では従業員が5人以上いると加入義務があります。法人事業は1人でも加入義務があります。

他産業の場合は、個人事業でも従業員1人から加入義務があります。たとえば、個人商店で店員1人でも雇えば労働保険（労災保険と雇用保険）に加入する義務があるのです。

②社会保険（健康保険・厚生年金保険）は、個人事業では従業員数による加入義務はありません。法人事業は1人でも加入義務があります。

気になるのは、農業の個人事業は、労災保険への加入が少ないことです。農業の個人事業は5人以上雇っていなければ、法的には加入義務はありません。しかし、他産業より農機具を使う農業のほうが危険な作業は多いと思います。当然のことながら、労災保険に加入していなくても、使用者には労働者の業務上の災害を補償する義務があります。

1　労働基準法の災害補償責任

労働基準法は、労働者が業務上負傷し病気にかかりまたは死亡した場合、使用者の災害補償責任を定めています（労働基準法第75条～88条）。災害補償とは、労働者が業務上で災害を被った場合、労働者の重大な過失以外は使用者がその補償を行なうものです。

これらの補償責任をカバーするために、このあと説明する労災保険（労働者災害補償保険）があります。労災保険に加入していなければ、使用者が自費で補償することになります。

労働基準法で規定している災害補償の種類は表26のとおりです。

表25　農業にかかわる労働保険・社会保険

	労働保険		社会保険			
保険種類	労災保険	雇用保険	健康保険	厚生年金保険	国民健康保険	国民年金
主な対象者	労働者		法人の事業主と労働者		個人事業の事業主と労働者	
運営者	政府		全国健康保険協会	政府	市町村	政府
窓口	労働基準監督署	ハローワーク	協会けんぽ支部	年金事務所	市町村役場	
主な対象事項	業務上および通勤途上の病気・ケガ・死亡	失業	業務外の病気・ケガ	老齢・障害・死亡	病気・ケガ	老齢・障害・死亡
主な給付	療養・休業・障害・遺族の給付	求職者・就職促進・教育訓練の給付	傷病・出産・死亡の給付	老齢・障害・遺族の厚生年金	傷病・出産・死亡の給付	老齢・障害・遺族の基礎年金
保険料負担者	事業主	事業主と労働者で折半			個人事業主と労働者の自己負担	

表26　労働基準法で規定している災害補償の種類

災害補償	内容
療養補償（労基法第75条）	労働者が業務上ケガや病気にかかったときは、使用者は、その費用で必要な療養を行ない、または必要な療養の費用の全額を負担する。
休業補償（労基法第76条）	労働者が業務上ケガや病気にかかって、療養のため労働することができず賃金を受けることができないときは、使用者は平均賃金の60％の休業補償を行なう。
障害補償（労基法第77条）	労働者が業務上ケガや病気にかかって、障害が残ったときは障害の程度に応じて、障害補償を行なう。
遺族補償（労基法第79条）	労働者が業務上で死亡したときは、使用者は遺族に対して平均賃金の1,000日分の遺族補償を行なう。
葬祭料（労基法第80条）	労働者が業務上で死亡したときは、使用者は葬祭を行なう人に対して、平均賃金の60日分の葬祭料を支払う。
打切補償（労基法第81条）	治療を開始して3年経っても治らないときは、使用者が平均賃金の1,200日分の打切補償を行なえば、以後の補償は行なわなくてもかまわない。

2　労働保険とは労災保険と雇用保険

●労災保険で災害補償責任をまぬがれる

労働基準法に規定する災害補償の事由について、労災保険法に基づき給付が行なわれるべきものである場合は、使用者は災害補償責任をまぬがれることになっています（労働基準法第84条）。つまり、労働基準法において使用者が責任を負っている災害補償の支給を、労災保険が代わりに行なう仕組みが確立されているのです。

少し専門的な話になりますが、制定当初の労災保険法の給付は、労働基準法の災害補償と同一の内容・水準の保障でした。しかし、労災保険

表27　労働基準法「災害補償」と労災保険法「給付」

<table>
<tr><td colspan="5">労働基準法で定める災害補償</td><td colspan="5">労災保険法による給付</td></tr>
<tr><td>補償名</td><td colspan="4">内容</td><td>給付名</td><td colspan="4">内容</td></tr>
<tr><td>療養補償</td><td colspan="4">必要な療養を行ない、または療養の費用を負担する</td><td>療養補償給付</td><td colspan="4">必要な療養を行ない、または療養の費用を負担する</td></tr>
<tr><td rowspan="2">休業補償</td><td colspan="4" rowspan="2">休業初日より１日につき平均賃金の60％</td><td>休業補償給付</td><td colspan="4">休業４日目から休業１日につき給付基礎日額の60％</td></tr>
<tr><td>傷病補償年金</td><td colspan="4">療養開始後１年６カ月経過しても治らずにその傷病が重い場合、給付基礎日額の313日（１級）～245日分（３級）の年金</td></tr>
<tr><td rowspan="11">障害補償</td><td colspan="4" rowspan="3">傷病が治ゆしたときに、障害等級の程度に応じて、平均賃金に下の表に定める日数を乗じた金額</td><td rowspan="9">障害補償年金
障害補償一時金</td><td colspan="4">傷病が治ゆしたときに、障害等級の区分により下の額が支給される</td></tr>
<tr><td>級</td><td>年金</td><td>級</td><td>一時金</td></tr>
<tr><td>1</td><td>313日分</td><td>8</td><td>503日分</td></tr>
<tr><td>級</td><td>一時金</td><td>級</td><td>一時金</td><td>2</td><td>277日分</td><td>9</td><td>391日分</td></tr>
<tr><td>1</td><td>1,340日分</td><td>8</td><td>450日分</td><td>3</td><td>245日分</td><td>10</td><td>302日分</td></tr>
<tr><td>2</td><td>1,190日分</td><td>9</td><td>350日分</td><td>4</td><td>213日分</td><td>11</td><td>223日分</td></tr>
<tr><td>3</td><td>1,050日分</td><td>10</td><td>270日分</td><td>5</td><td>184日分</td><td>12</td><td>156日分</td></tr>
<tr><td>4</td><td>920日分</td><td>11</td><td>200日分</td><td>6</td><td>156日分</td><td>13</td><td>101日分</td></tr>
<tr><td>5</td><td>790日分</td><td>12</td><td>140日分</td><td>7</td><td>131日分</td><td>14</td><td>56日分</td></tr>
<tr><td>6</td><td>670日分</td><td>13</td><td>90日分</td><td rowspan="2">介護補償給付</td><td colspan="4" rowspan="2">要介護状態になって、介護を受ける費用を支出した場合に支給する</td></tr>
<tr><td>7</td><td>560日分</td><td>14</td><td>50日分</td></tr>
<tr><td rowspan="2">遺族補償</td><td colspan="4" rowspan="2">平均賃金の、1,000日分の一時金</td><td>遺族補償年金</td><td colspan="4">遺族数に応じ給付基礎日額の245日分～153日分</td></tr>
<tr><td>遺族補償一時金</td><td colspan="4">遺族補償年金受給資格者がいない場合、その他の遺族に対し給付基礎日額の1,000日分の一時金</td></tr>
<tr><td>葬祭料</td><td colspan="4">平均賃金の60日分</td><td>葬祭料</td><td colspan="4">315,000円＋給付基礎日額の30日分
または給付基礎日額の60日分</td></tr>
<tr><td>打切補償</td><td colspan="4">療養開始後３年経っても傷病が治らない場合、平均賃金の、1,200日分の一時金の補償をもってその他の補償を打ち切ることができる</td><td colspan="5">療養開始後３年経過した日に傷病補償年金を受けている場合、または３年経過した日後に傷病補償年金を受けることになった場合、使用者は打切補償を支払ったものとみなされる</td></tr>
</table>

法は幾度かの改正を受け給付内容が拡充されました。そのため、現在では労働基準法の災害補償より労災保険法の給付のほうが上回っています（【表27】参照）。

　たとえば、業務上ケガをして労働者に10級の障害が残った場合、労働基準法では「２７０日分の平均賃金を支払う」のですが、労災保険法では「３０２日分を支給する」となっています。

　ただし、休業補償については、労働基準法では休業初日から補償金の給付義務がありますが、労災保険法の場合は給付されるのは4日目からであり、休業1～3日目の給付がありませんので、事業主は平均賃金の60％以上を労働者に支払う必要があります。

　さて、このように労災保険は、従業員にとってはもちろんのこと、使用者にとってもなくてはならないものですが、農業の個人事業は常時従業員が5人未満だと任意加入で、加入が強制されていません（農林水産業を除く他産業の個人事業は、従業員数に関係なく加入することになっています）。

労務相談
ここが聞きたいQ&A ㉘

労災保険に入りたい

Q 個人経営の農家ですが従業員が3人います。農繁期には、アルバイトも雇用します。危険な仕事もありますので労災保険に加入したいと思います。加入方法を教えてください。

A 個人経営で従業員5人未満ですから、労災保険は任意適用（暫定《ざんてい》任意適用事業）になります。労働基準監督署へ行って、「保険関係成立届（労働保険任意加入申請書）」の用紙をもらって必要事項を記入して提出します。後日、認可の通知が来ます。それから、概算保険料申告書により保険料を納付してください。

費用はかかりますが、社会保険労務士やJAなどに労働保険事務組合があれば、そこへ依頼する方法もあります。

表28　労働保険の暫定任意適用事業の加入手続き

	暫定任意適用事業		
	労災保険暫定任意適用事業	雇用保険暫定任意適用事業	
加入の原則	事業主の加入申請	①事業主の加入申請 ②労働者の1/2以上が希望するとき	（強制適用事業）
加入申請義務が生じる場合	労働者の過半数が希望するとき	労働者の1/2以上が希望するとき	
成立日	大臣の許可があった日（都道府県労働局長に権限委任）		事業が開始された日、または強制適用事業に該当するに至った日
提出書類	任意加入申請書	①任意加入申請書 ②労働者の1/2以上の同意証明書類	保険関係成立届
提出先	都道府県労働局長（監督署長を経由）	都道府県労働局長（職安所長を経由）	監督署長または職安所長（成立日から10日以内に）

労災未加入農家で、従業員が仕事中に大ケガをしたために、資産を売り払い補償したという例も出ています。農業の個人事業でも労災保険は必要です。法人事業は、農業でも従業員が1人いれば強制加入になります。

労災保険には次の特徴があります。

①パートタイマーでもアルバイトでも労働者なら労働時間にかかわりなく加入対象になります。

②労災保険料は全額事業主負担になります。労災保険料率は業種別に決まっており、農業は1000分の13（令和6年度）です。給与10万円なら労災保険料は1300円になります。

③通勤災害も労災保険の対象になります。たとえば出勤や帰宅する途中で、道路から転落してケガをした場合などが対象になります。

労災保険は労働者を対象としたものですが、中小事業主には「労災保険特別加入制度」があり、経営者も加入することができます。農業経営者等が加入できる特別加入制度には、「中小事業主等」「特定農作業従事者」「指定農業機械作業従事者」の3種類があります。

農業の労災保険特別加入事務は、JA（農協）で行なっている地域が多いです。JAで取り扱いがない場合は都道府県労働局へ問い合わせてください。

労務相談 ここが聞きたいQ&A ㉙

労災事故が起きてしまったら

Q 従業員が仕事中にケガをした場合にはどのようにしたらよいのですか。

A 医療機関で受診される際にはケガの原因を伝え、最初から「労災保険」扱いで診療を受けてください。死亡または休業4日以上の労災事故は、労働基準監督署へ「死傷病報告書」を遅滞なく提出します。それより軽い災害の場合は4半期ごとにまとめて報告することになります。

こうした報告をしないと「労災隠し」とされ、50万円以下の罰金が科されることがあります。

労務相談
ここが聞きたいQ&A ㉚

農作業の事故防止に役立つヒヤリ・ハット

Q 農業法人の経営者です。以前、農作業中に事故があり、労働基準監督署からヒヤリ・ハット活動に取り組むように指導されました。どのように取り組んだらよいでしょうか。

A ヒヤリ・ハットは、作業中にヒヤリとしたり、ハッとしたりした出来事のことです。たとえば「脚立の足場がグラついて転倒しそうになった」「トラクタの運転中に横転しそうになった」など、重大な事故が発生する前には多くのヒヤリ・ハットが潜んでいるという法則があります。「ハインリッヒの法則」または「1：29：300の法則」といわれるものです。この法則は、1件の大きな事故の背景には29件の軽傷、そして300件のヒヤリ・ハットがあるというものです。重大事故の防止のためには、ヒヤリ・ハットを減らすことが一番の対策になります。

そのため、日頃から従業員にヒヤリ・ハットがあったら報告させ、再発防止対策を行なうとともに他の従業員にも知らせることが労災事故防止に役立ちます。

表29　農業のヒヤリ・ハット事例と対策

使用農機等	上段はヒヤリ・ハット、下段（⇨）は対策
1.刈り払い機	回転刃が石にあたり、その石が自分の方に飛んで来た
	⇨長い草を刈るときは地面から10cmで1回刈り、石がないことを確認して再度刈る
2.トラクタ	圃場の畔から出るとき、前輪が浮きドキッとした
	⇨坂を上るときは、バックで出る
3.耕運機	前進と後進を間違えて発進した
	⇨発進するときは、ギアを指差し確認する。(「前進・ヨシ！」)
4.脚立	脚立から降りるときに最下段と勘違いし、2段目から飛び降りた
	⇨脚立から降りるときは、足元を確認して「ヨシ」と言う
5.服装	首に巻いたタオルが、農機のベルトにからまりそうになった
	⇨タオルは作業着またはTシャツの中に入れる

表30　農業の雇用保険料率（令和５年度）

農業の種類	①事業主負担	②労働者負担	①＋②雇用保険料率
農業一般	10.5/1000	7/1000	17.5/1000
酪農、養鶏、養豚、牛馬育成	9.5/1000	6/1000	15.5/1000

●雇用保険は育児休業給付も受けられる

現在どんなに経営が順調でも、明日事業を閉鎖しなければならないことが起きるかもしれません。昨今の豪雨災害等では、そのようなことが現実になりました。

従業員が職を失うと、その家族の生活はどうなるのか使用者としても悩みます。雇用保険に加入していれば従業員は失業給付が受けられます。通常の失業給付以外にも教育訓練給付や雇用継続給付（高年齢雇用継続給付・育児休業給付・介護休業給付）など多くの給付があります。とくに育児休業給付は、育児休業中の生活の糧になるものなので、若い従業員には必須の給与です（労務相談 ここが聞きたいQ＆A「男性も育児休業を取れるのか」73ページ参照）。

また、雇用保険に加入していると雇用促進対策として事業主に支給される助成金も多くあります。

雇用保険は労災保険と同じように、農業の個人事業は常時従業員が5人未満だと任意加入、法人は1人でも強制加入になります。なお、雇用保険に加入できる従業員は、「1週間の所定労働時間が20時間以上」あり、かつ「31日以上」の雇用が見込める人です。雇用保険料は、事業主負担と労働者負担があります。また、農業の種類によって雇用保険料率が異なります（畜産関係は季節変動が少ないことから低くなっています）。

経営体による労働保険の加入は124ページの【表31】のようになります。

3　社会保険（健康保険・厚生年金）はよい人材確保の条件

●健康保険には国保にない制度がある

農業に関係する医療保険には、個人事業の事業主や従業員が加入する国民健康保険（国保）と会社法人の事業主や従業員等が加入する健康保険（協会けんぽ）があります。病院で支払う医療費の自己負担（高齢者等を除き

3割）は、どちらの医療保険も原則同じです。しかし、健康保険には国保にない次の制度があります。

①傷病手当金……病気やケガのため就業できず無給になると、健康保険から標準報酬日額（≒日割り賃金）の3分の2に相当する金額が支給される制度です。支給期間は、支給開始日から通算して1年6カ月に達する日まで。支給期間の途中で就労するなど、傷病手当金が支給されない期間がある場合は、支給開始日から起算して1年6カ月を超えても繰り越して支給可能になります。

②出産手当……出産のため就業できず無給になると、健康保険から標準報酬日額の3分の2に相当する金額が支給される制度です。受給期間は、出産の日以前42日から出産の日後56日までの間です。

保険料負担については、国民健康保険料は全額加入者負担ですが、健康保険料の場合は事業主が半額負担することとなっています。

ところで、協会けんぽの健康保険料率は医療費が多い

労務相談 ここが聞きたいQ&A ㉛

教育訓練給付金とは

Q 従業員が、教育訓練給付金制度を利用して大型特殊免許を取得したいと言ってきました。教育訓練給付金は誰がもらえるのですか。

A 教育訓練給付金とは、雇用保険の一般被保険者（従業員）が、厚生労働大臣の指定する教育訓練を受講し修了した場合、本人が教育訓練施設に支払った教育訓練経費の一部が本人へ支給される制度です。支給額は、教育訓練経費の20%（上限年間10万円）に相当する額です。助成される費用割合も資格・講座により変わることがあります。

該当する教育訓練には、運転免許のほかにもパソコン、簿記などの通信教育もあります。詳しくは、厚生労働省の『教育訓練給付制度、厚生労働大臣指定教育訓練講座検索システム』をご覧ください。

表31　農業の労働保険の適用

<table>
<tr><th colspan="2" rowspan="2"></th><th rowspan="2">個人経営</th><th rowspan="2">会社法人</th><th colspan="2">農事組合法人</th><th rowspan="2">任意組合</th></tr>
<tr><th>確定賃金制</th><th>従事分量配当制</th></tr>
<tr><td rowspan="3">労災保険</td><td>個人事業主、会社法人の代表取締役、農事組合法人の代表理事、任意組合の代表者等</td><td colspan="5">特別加入＊（任意）</td></tr>
<tr><td>農事組合法人組合員（出資者）、任意組合の構成員</td><td></td><td></td><td></td><td></td><td></td></tr>
<tr><td>従業員、農事組合法人組合員（非出資者）</td><td>5人未満
任意</td><td colspan="3">強制適用</td><td></td></tr>
<tr><td rowspan="3">雇用保険</td><td>個人事業主、会社法人の代表取締役、農事組合法人の代表理事、任意組合の代表者等</td><td colspan="5">加入不可</td></tr>
<tr><td>農事組合法人組合員（出資者）、任意組合の構成員</td><td></td><td></td><td></td><td></td><td></td></tr>
<tr><td>従業員、農事組合法人組合員（非出資者）</td><td>5人未満
任意</td><td colspan="3">強制適用</td><td></td></tr>
</table>

＊個人事業主が労災保険に中小事業主等で特別加入すると、従業員5人未満であっても強制適用になる

表32　農業の社会保険の適用

<table>
<tr><th colspan="2" rowspan="2"></th><th rowspan="2">個人経営</th><th rowspan="2">会社法人</th><th colspan="2">農事組合法人</th><th rowspan="2">任意組合</th></tr>
<tr><th>確定賃金制</th><th>従事分量配当制</th></tr>
<tr><td rowspan="3">医療保険</td><td>個人事業主、会社法人の代表取締役、農事組合法人の代表理事、任意組合の代表者等</td><td>国民健康保険</td><td></td><td rowspan="3">健康保険</td><td colspan="2" rowspan="2">国民年金</td></tr>
<tr><td>農事組合法人組合員（出資者）、任意組合の構成員</td><td></td><td></td></tr>
<tr><td>従業員、農事組合法人組合員（非出資者）</td><td>国民健康保険＊</td><td></td><td></td><td></td></tr>
<tr><td rowspan="3">年金保険</td><td>個人事業主、会社法人の代表取締役、農事組合法人の代表理事、任意組合の代表者等</td><td>国民年金</td><td></td><td rowspan="3">厚生年金</td><td colspan="2" rowspan="2">国民年金</td></tr>
<tr><td>農事組合法人組合員（出資者）、任意組合の構成員</td><td></td><td></td></tr>
<tr><td>従業員、農事組合法人組合員（非出資者）</td><td>国民年金＊</td><td></td><td></td><td></td></tr>
</table>

＊事業所で使用される者の2分の1以上の同意および所轄官庁の認可があれば健康保険、厚生年金が適用される。ただし、事業主は適用されない

少ないにより都道府県別に決められています。最高は、佐賀県の10・51％、最低は新潟県の9・33％、全国平均は9・96％になっています（令和5年度）。

なお、健康保険と厚生年金は原則セットで加入することとなっています。

●厚生年金に入ると年金は増える

農業者に関係する公的年金は、個人事業の経営者や従業員が加入する「国民年金」（年金をもらうときは基礎年金になります）と、法人事業の経営者や従業員等が加入する「厚生年金」がありま

す。なお、確定賃金制の農事組合法人の役員は厚生年金になりますが、従事分量配当制の農事組合法人の役員等は国民年金です。

あまり知られていませんが、20歳以上60歳未満の厚生年金加入者は国民年金（第2号被保険者）へも自動的に加入する仕組みになっています。別の言い方をしますと、厚生年金加入者は国民年金と厚生年金の両方に原則加入しています。

でも、厚生年金保険料以外の負担はありません。厚生年金のほうから国民年金に基礎年金拠出金が支払われているからです。

国民年金・厚生年金からもらえる年金は、次の3種類です。

①年をとったときにもらう老齢年金

②ケガや病気によって障害者になったときにもらう障害年金

労務相談
ここが聞きたいQ&A ㉜

社会保険の加入手続きが知りたい

Q 農業法人ですが、社会保険（厚生年金・健康保険）に加入することにしました。加入手続きを教えてください。

A 加入手続きは、日本年金機構のホームページ「新規適用の手続」で詳しく説明されています。また は最寄りの年金事務所でも教えてくれます。

以下、手続きに必要な提出書類になります。

・新規適用届
・被保険者資格取得届（加入する方の分）
・被扶養者（異動）届（加入者で扶養する家族のいる方）
・会社登記簿謄本（提出日からさかのぼって90日以内に発行されたもの）

なお、費用はかかりますが、社会保険労務士に頼む方法もあります。

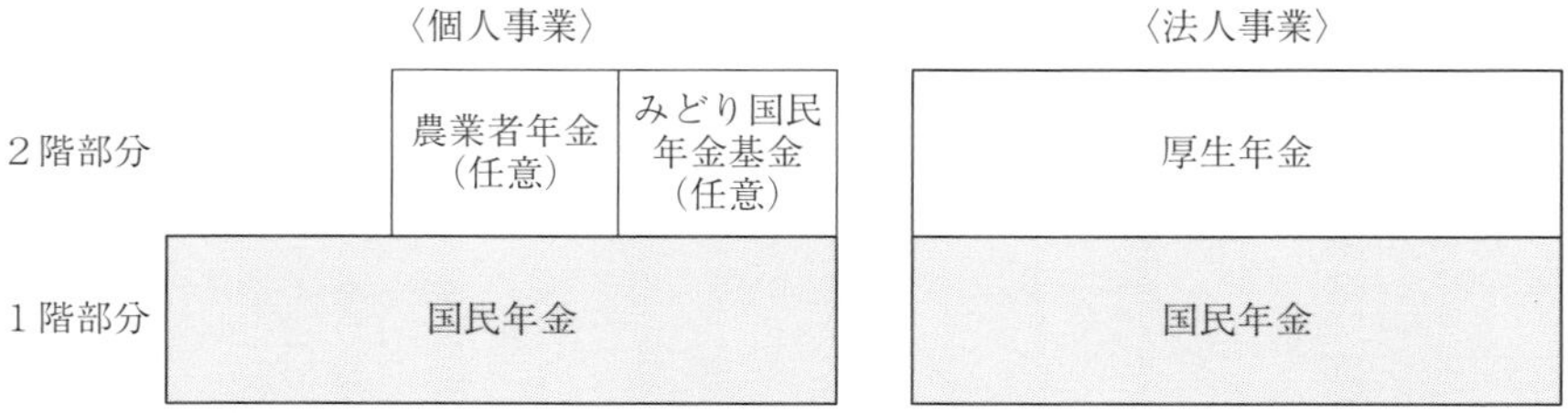

※農事組合法人（従事分量配当制）の代表理事、任意組合の代表者等は個人事業と同じ

図17　農業関係の公的年金制度

③加入者が死亡したときに遺族がもらう遺族年金

個人事業の場合は基礎年金（国民年金）だけしかもらえませんが、法人で厚生年金へ加入していれば基礎年金と厚生年金の両方もらえます。たとえば、年をとったときの年金では、国民年金に40年間加入しても年額80万円弱の老齢基礎年金だけですが、厚生年金に加入していればさらに老齢厚生年金がもらえます（個人事業の農業者には、老齢厚生年金の役割がある公的な年金制度として「農業者年金」「みどり国民年金基金」があります）。

厚生年金からもらえる年金額は払った保険料によって変わります。国民年金保険料は加入者一律に月約1万5000円の定額ですが、厚生年金は収入に応じて保険料が決まります。もらえる老齢厚生年金は、年収240万円の人が1年加入すれば、年額1万2000円程度の受け取り増になります。

保険料負担は、国民年金保険料は全額加入者負担ですが、厚生年金保険料は事業主が半額負担することになります。

厚生年金保険料率は、現在のところ18・3％（折半額9・15％）に固定されています。

●パートタイマーの社会保険加入要件

社会保険（厚生年金・健康保険）は事業主負担があり大変ですが、労働者には前述しましたように多くのメリットがあります。見方を変えると、社会保険はよい人材を確保する条件のひとつです。

求人広告には、「社会保険完備」とか「社会保険適用」と書いてあります。社会保険完備とは、「厚生年金保険・健康保険・労災保険・雇用保険」の4つの保険に入れることを意味しています。社会保険に入れることは、求人のアピールになります。

また、就職先について「個人より会社のほうがいい」「フリーターより勤めたほうがいい」という根拠も社会保険への加入が判断要素になっています。

話は変わりますが、農業法人に勤めるパートタイマーなど、短時間従業員の社会保険（厚生年金・健康保険）への加入要件は、１週間の所定労働時間および１カ月の所定労働日数が常時雇用者の４分の３以上」になっています。１週間の所定労働時間は、他産業の常時雇用者は週40時間ですので、週30時間以上のパートタイマーは社会保険に加入できます。

しかし、農業法人で１週間の所定労働時間が44時間であれば、その４分の３である33時間以上なければ加入できません。（詳しくは左の「ここが聞きたいＱ＆Ａ㉝」をご覧ください）

労務相談
ここが聞きたいＱ＆Ａ ㉝

パートから社会保険に入りたいと要望がありましたが……

Q 正社員5人、パート10人の農業法人です。１週間の所定労働時間が30時間のパート従業員より社会保険に加入したいとの申出がありました。前に勤務していた会社では、この条件で加入していたとのことです。わが社の常用雇用者の1週間の所定労働時間は、44時間となっています。どうしたらいいのでしょうか。

A この場合、被保険者となるには常勤（所定労働時間が44時間）の4分の3の労働時間（週の所定労働時間が33時間）なければ、加入対象とはなりません。

他産業の週の所定労働時間の上限は、40時間です。週の所定労働時間が30時間以上で所定労働日数の要件を満たせば、加入対象となります。農業の場合は、労働法第41条により労働時間が適用除外となっており、40時間を超えた週の所定労働時間を設定することができるので、加入できないこともあります。

また、これまで説明した加入要件は農業法人も含め被保険者数100人以下（令和6年10月からは50人以下）の企業に限られます。

101人以上（令和6年10月からは51人以上）の企業へお勤めの短時間労働者は次の基準が社会保険（厚生年金・健康保険）への加入要件になっています。

①週の所定労働時間が20時間以上
②所定内賃金が月額8万8000円以上であること（ただし、割増賃金、賞与、皆勤手当、通勤手当、家族手当等は除く）
③学生でないこと
④2カ月を超える雇用の見込みがある

●社会保険加入の従業員メリット

社会保険（健康保険・厚生年金）に加入するために、従業員の同意を得て給料を下げたり、休日を減らした農

労務相談
ここが聞きたいQ&A ㉞

農業者年金って何？誰でも加入できるの

Q 農業者年金はどのような制度ですか。農業者なら誰でも加入できますか。

A 農業者年金は、農業者の老後の所得補償の上乗せとしての役割と国の政策年金として農業の担い手の育成・支援のための役割を持っています。

また、農業者年金は「加入者自ら支払った保険料とその運用益により将来受け取る年金額が決まる積立方式・確定拠出型年金」です。そのため、加入者や受給者の数の変動により影響を受けることがない財政的に安定した制度といえます。

（1）加入要件

①年齢要件……20才以上60才未満（ただし、国民年金の任意加入者は65歳まで加入ができます）
②国民年金の要件……国民年金第1

号被保険者（厚生年金加入者は第2号被保険者となり加入できません）

③農業上の要件……年間60日以上農業に従事する者

加入要件は、以上の3要件だけです。農地を持っていなくても加入できます。ですから、個人事業の農業経営者や配偶者だけでなく、後継者などの家族農業従事者も加入するこができます。さらに、その従業員も加入できます。また、農事組合法人（従事分量配当制）の代表理事や、任意組合の代表者等も加入できます。

さらに、兼業農家で年上のご主人が定年退職をされた場合、奥さんは国民年金の第1号被保険者となり加入要件を満たすことになります。

（2）年金給付の種類

①農業者老齢年金

・加入者が納付した保険料およびその運用収入の総額を基礎とする終身年金

・受給開始は原則65歳ですが、60歳までの繰上げ受給ができます。

②特例付加年金（保険料の国庫補助を受けた者）

・保険料の国庫補助額とその運用収入を基礎とする終身年金です。

・受給開始は、原則65歳に達し農業を営む者でなくなったとき

③死亡一時金

仮に80歳前に死亡しても、80歳までの農業者老齢年金は遺族に死亡一時金として支払われます。具体的には、死亡した月の翌月から80歳に達する月まで、農業者老齢年金を支給するとした場合に、その者に支払われることとなる年金を、支払われるまでの期間に応じた金利で割引いた金額になります。

（3）保険料

・保険料は、月2万円から6万7000円まで1000円単位で農業者が自由に設定できます。

・支払った保険料（最高年額80・4万円）は、全額社会保険料控除の対象になり、節税効果があります。また、将来受け取る年金も税制上公的年金等控除が適用されます。

・認定農業者等で補助対象要件に該当すると政府支援（国庫補助）もあります。

（4）農業者年金からの脱退

脱退は自由です。また、法人化し厚生年金の被保険者となった場合は、脱退となります。脱退一時金は支給されませんが、それまでに支払った保険料は、将来年金として受け取ることができます。

（5）重複加入はできない

農業者年金と国民年金基金（旧みどり年金含む）および個人型確定拠出年金（イデコ）とは重複加入はできません。

業法人があります。なぜ、従業員が同意したかというと、それでも従業員メリットが大きいからです。

従業員メリットは、健康保険には国民健康保険にはない傷病手当金や出産手当金があり、国民年金（基礎年金）プラス厚生年金からの支給があることはすでに説明してきました。でも、従業員メリットはそれだけではありません。従業員の金銭的負担が社会保険加入により減るケースが多いのです。

社会保険料は、事業主と従業員で半額負担します（労使折半）。従業員負担分は給料から引きます。当然ですが、従業員はこれまで支払っていた国民健康保険料・国民年金保険料が不要になります。これまでの国民健康保険料・国民年金保険料より、社会保険料の本人負担額のほうが少なくなるケースもあります。また、従業員の奥さんが扶養になっていれば、奥さんの国民年金保険料（月約1万6520円）も払わなくてよくなります（国民年金第3号被保険者になるからです）。

従業員の立場でみると「保障は大きくなって、金銭的負担は小さくなる」ことが多いのです。

これから社会保険加入を考えている経営者で、従業員の保険料負担額増減を試算したい方は、次の各機関のサイトに最新の保険料率や計算式が掲載されています。

なお、厚生年金保険料率と国民年金保険料は全国一律ですが、協会けんぽの健康保険料率は都道府県別、国民健康保険料率は市町村別に毎年度決められます。

・厚生年金保険料率→日本年金機構
・国民年金保険料→日本年金機構および市町村役場（国民年金）
・健康保険料率→協会けんぽ支部
・国民健康保険料率→市町村役場（国民健康保険）

第5章　研修生・外国人労働者の労務管理

農業法人等では、正社員やパート社員等のほかに、「研修生」や「外国人技能実習生」といわれる人を受け入れる場合があります。この場合の労務管理の留意点を説明します。

まず、研修生には、研修目的等により労務管理が必要となる人・ならない人がいます。外国人の場合は、在留資格（特定技能、技能実習）によって労務管理が異なります。特定技能外国人の場合は、日本人の農業労働者と同じように労働基準法で定める労働時間等の規制が適用除外になります。しかし、外国人技能実習生の場合は、適用除外になりません。

以下、それぞれ詳しく説明します。

1　研修生と労働者の違い

●使用者の判断ではなく実態で決まる両者の違い

最初に認識していただきたいことは、たとえ農場で「研修生」と呼んでいても、労働基準法上の「労働者」と判断される場合には、労働基準法や最低賃金法等が適用になります。「研修生」と「労働者」の区別は、使用者が決められることではなく、実態により判断されることなのです。

労働者であるか否か、すなわち「労働者性」の判断の基本となる規定は次の労働基準法第９条です。「この法律で労働者とは、職業の種類を問わず、事業または事務所に使用される者で、賃金を支払われる者をいう」と規定しています。わかりやすくいうと、労働者にあたるかどうかは、職業の種類に関係なく、事業や事務所で使用され、かつ、賃金を支払われているという要件が必要となります。

労働者性を判断するうえで大切なポイントは、次の２点です。

①使用者の指揮命令を受けて働いていること（指揮監督下の労働）
②労働の対償として報酬を得ていること（報酬の労働対償性）

判断の具体例は【図18】のようになります。

●研修目的は「自己啓発型」か「見習型」か

さて、農場で研修生と呼んでいる人は、次の２つの型

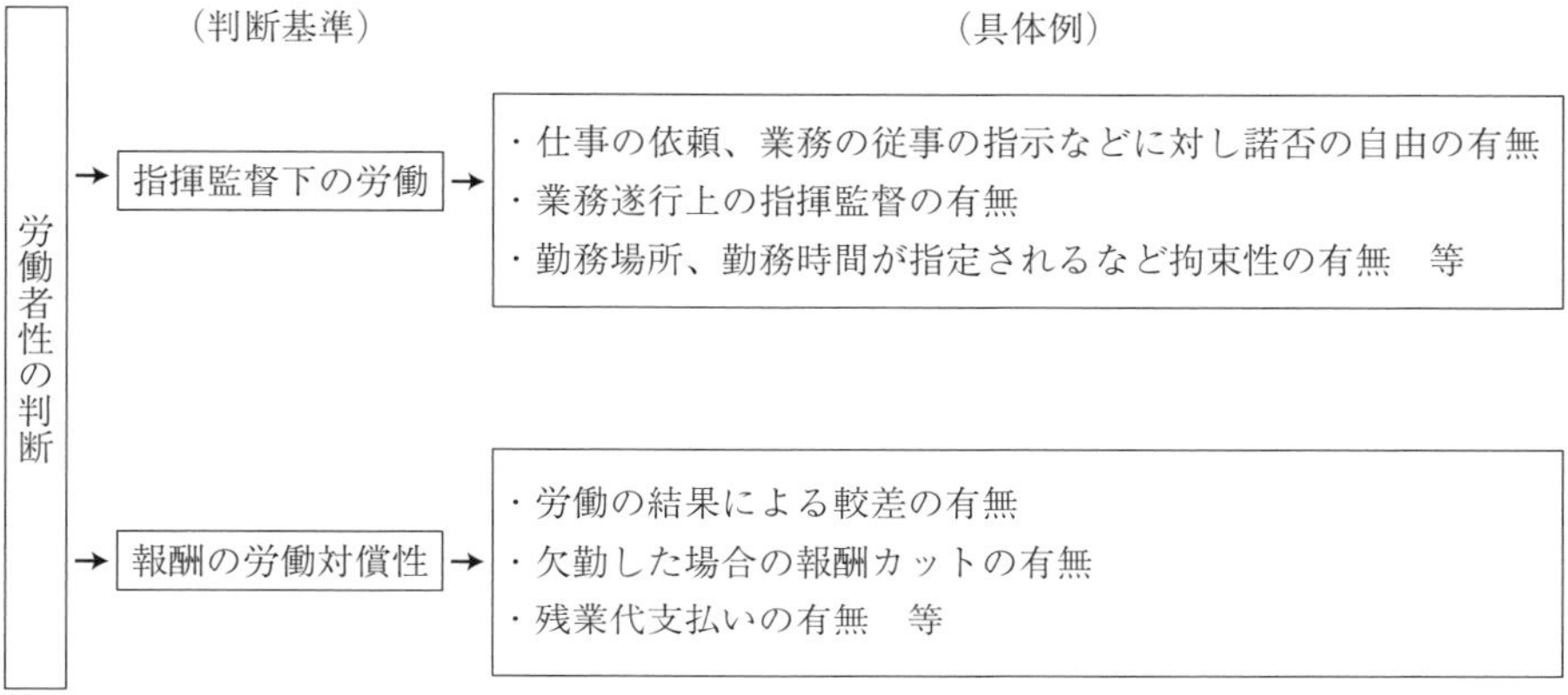
労働者性の判断
（判断基準）
（具体例）
指揮監督下の労働
・仕事の依頼、業務の従事の指示などに対し諾否の自由の有無
・業務遂行上の指揮監督の有無
・勤務場所、勤務時間が指定されるなど拘束性の有無　等
報酬の労働対償性
・労働の結果による較差の有無
・欠勤した場合の報酬カットの有無
・残業代支払いの有無　等

図18　労働者性を判断するためのポイント

に大別されます。どちらの研修生も、経営者等から農作業や農業技術の指導を受ける点では共通しています。しかし、研修目的が異なっています。

①「自己啓発型」研修生……キャリアアップのための農業体験や農業を始めるための技術習得が目的で、原則賃金は支給されない

↓　労働者と判断される可能性は小さい。

②「見習型」研修生……農場へ正式採用されるために技術習得することが目的で、賃金は支給されるが社員より低い場合が多い

↓　労働者と判断される可能性は大きい。

①の「自己啓発型」研修生には、1～2週間程度農業体験をしたいという人と、1年以上かけて新規就農を目指すため先進農家等で農業技術や経営ノウハウを学ぶ人がいます。原則賃金は支給されません。

農業体験の受け入れは、体験者の意見・考え方を経営に生かせることや、消費者との交流などを目的に農業法人等で実施しています。また、農水省の補助を受けて、日本農業法人協会で実施している農業インターンシップ（農業就業体験）制度もあります。

なお、「自己啓発型」研修生は、労働者でないので原

ます。

則として労災保険に加入できません。この研修制度の最大の弱点です。そのため、JAなど民間の傷害保険（共済）への加入を受け入れ条件にしている農業法人もあります。

さて、使用者として注意が必要なのは、②の「見習型」研修生です。具体的には「研修生として当分の間働いてもらって、農作業が一人前にできるようになったら社員にする」というケースです。一般的には「試用期間の社員」に相当する場合です。

もちろん、「見習型」研修生であっても、①雇用契約書を交わし、②最低賃金以上を支払い、③適用される労働・社会保険に加入しているなどの労務管理をしていれば問題ありません。問題になるのは、これらの労務管理をせずに研修生を労働者として使用している場合です。「見習型」研修生でも、労働者としての権利意識を持った人はいます。実際に「研修生ということで年次有給休暇がもらえない、研修生ということで賃金が低い」ということからトラブルになった農場もあります。

研修生と呼んでいる人が、労働者と判断される場合は処遇を見直してください。

2 外国人労働者

近年、農業における外国人労働者の雇用制度は大きく改正されています。かつては「外国人技能実習生」が主流でしたが、令和元年4月から「特定技能外国人」の受け入れが農業にも認められるようになりました。農業における特定技能外国人は、日本人労働者と同じように労働基準法の労働時間等が適用除外となるため労務管理がしやすく、実務能力も高いので貴重な労働力として評価されています。

また、農業においては特定技能外国人の派遣制度も認められたため、人手がほしい農繁期だけ働いてもらうことが可能になりました。

さらに、令和5年6月9日の閣議決定によって農業も「特定技能2号」の対象分野になりました。在留期間の制限がなくなり、日本への永住も可能になったといわれています。以下、それぞれの制度の特徴や留意点を説明します。

表33　農業の「特定技能」と「技能実習」の違い

	特定技能	技能実習
目的	日本における人手不足解消	国際貢献、技能移転
在留期間	特定技能1号：最大5年	技能実習1号：１年以内
	特定技能2号：無制限	技能実習2号：2年以内
		技能実習3号：2年以内
		通算5年
従事可能な業務の範囲	耕種農業全般、または畜産農業全般	耕種農業のうち「施設園芸」「畑作・野菜」「果樹」、または畜産農業のうち「養豚」「養鶏」「酪農」
技能水準	特定技能1号：相当程度の知識または経験	なし
	特定技能2号：熟練した技能	
受け入れ人数	無制限	制限あり
受け入れ対象	即戦力・技能実習2号修了レベル	未経験・見習い等
雇用主	農業者、派遣事業者	実習実施者（農業者）
受け入れ等組織	登録支援機関、農業特定技能協議会	監理団体
転職の可否	可	原則不可
家族滞在の可否	特定技能2号のみ可	不可
労働基準法の適用	労働時間・休憩・休日の規定は適用されない	他産業と同じく、労働時間・休憩・休日の規定は適用される

●特定技能制度とは

特定技能制度は、日本の深刻な人手不足の状況に対応するため、一定の専門性・技能を持った即戦力となる外国人を受け入れることを目的として２０１９年に新設された制度です。

これまでも、外国人技能実習制度はありましたが、在留目的は「就労」ではなく「実習」でした。そのため技能実習生には多くの規制があり、本来、農業分野では労働基準法の適用除外となっている労働時間等も規制対象になりました。そのため、技能実習生に時間外労働（残業）させるには、「時間外・休日労働に関する協定届（36協定）」を労働基準監督署へ届け出ることになっています。

なお、特定技能と技能実習の違いを【表33】に整理したので、ご参照ください。

●外国人技能実習生の労務管理の基本

農業は、天候等の自然条件に左右されることから、労働基準法の労働時間・休憩・休日等の規定は適用されません。しかし、外国人技能実習生については農水省通達

表34　外国人技能実習生の労務管理の留意点

項目	外国人技能実習生に適用される内容
労働時間	原則１日８時間、週40時間まで。変形労働時間制を採用する場合は、労使協定または就業規則その他これに準ずるものによる定めをする。
休憩	労働時間が６時間を超える場合は45分以上、８時間を超える場合は１時間以上の休憩を与えなくてはならない 。
休日	１週間に少なくとも１日、または４週間で４日以上の休日を与えなくてはならない。
割増賃金	時間外、法定休日、深夜に行なった労働については、割増率を乗じた賃金を支払わなくてはならない 。 ・時間外労働：通常の労働時間の賃金の計算額の２割５分以上（月60時間超は5割以上） ・休日労働：通常の労働時間の賃金の計算額の３割５分以上 ・深夜労働（午後10時～午前５時）：通常の労働時間の賃金の計算額の２割５分以上（ただし、時間外の深夜労働は５割以上、休日の深夜労働は６割以上）
36《さぶろく》協定	時間外や休日に労働させる場合は、労働基準法第36条の定めにより36協定（時間外労働・休日労働に関する協定）を労働者代表と締結し、労働基準監督署へ届け出る。

（平成12年３月）により「他産業並みの労働環境等を確保するために、基本的に労働基準法の規定を準拠する」こととされています。

農業の外国人技能実習生の労務管理で注意すべきことは、労働基準法の規定に従うことになります。

変な話ですが、農業では、日本人労働者は労働基準法の一部規定の適用除外がありますが、外国人技能実習生にはすべて適用されるという二重基準になっています。外国人技能実習生の労務管理は、【表34】の項目に留意してください。

第6章　雇用に関する助成金

雇用に関係する助成金制度は、他産業では厚生労働省関係が主ですが、農業には農林水産省関係に注目すべき助成金（給付金）があります。この章では、農業法人や個人の農業者が利用できそうな主な制度を紹介します。

1　農林水産省関係

農林水産省は、新規就農者育成総合対策において「農業従事者が減少するなか、持続可能な力強い農業を実現するには、次世代を担う農業者の育成・確保に向けた取組を総合的に講じていく必要がある」として、資金面で次の3つの支援事業を行なっています。

●正社員での雇用が条件となる「雇用就農資金」

「雇用就農資金」は令和4年度にスタートした農林水産省の雇用助成金制度で、それまでの「農の雇用事業」の後継事業にあたります。

この事業は、農業法人等（個人事業も含む）が49歳以下の人を正社員として雇用することが条件。農業技術や経営ノウハウを習得させるための研修を実施した場合に、助成金が交付されます。

研修は座学ではなく、仕事を通じて実務を教える実践研修です。新人を採用したときに習得させる農業技術を明確にし、次ページの【表35】のような4年間の研修計画を作成することで受給の対象になります。

雇用就農資金には、次のタイプがあります。

A「雇用就農者育成・独立支援タイプ」

農業法人等が就農希望者を雇用し、農業就業または独立就農に必要な実践研修を実施する。

B「新法人設立支援タイプ」

農業法人等が新たな農業法人を設立。独立就農を目指す者を雇用して実践研修を実施する。

雇用就農資金を利用している大半の農場は、「雇用就農者育成・独立支援タイプ」。雇用就農者として、研修終了後も農場に勤務してくれる人を採用していることが多いからです。

〈主な助成内容・応募要件〉

（1）助成額・期間

1人当たり1カ月5万円（年間60万円）、助成期間は

表35　4年間研修計画の記入例

研修1年目

従事させる作業等	左記の作業において習得させる技術
・トマト、ピーマン等の育苗作業 ・トマト、ピーマン等の定植作業 ・トマト、ピーマン等の整枝・誘引作業 ・トマト、ピーマン等の収穫作業 ・土づくり作業	・農作物の播種、温度管理技術等 ・定植の施肥、マルチ張り技術等 ・生育ステージに応じた整枝・誘引技術等 ・選別、包装、出荷の技術等 ・土壌消毒、施肥散布技術（1人で作業できる）

研修2年目

従事させる作業等	左記の作業において習得させる技術
・トマト、ピーマン等の施肥作業 ・トマト、ピーマン等の病害虫防除作業 ・トマト、ピーマン等の除草作業 ・土づくり作業 ・農業簿記	・二毛作の定植準備技術 ・防除、葉面散布の実践技術等 ・農作業機械操縦技術等 ・土壌消毒、施肥散布技術、他従業員への指導 ・農業簿記の仕組みの理解等

研修3年目

従事させる作業等	左記の作業において習得させる技術
・気温変化に伴う管理作業 ・トマト、ピーマン等の残さ処理作業 ・トマト、ピーマン等の温度・水管理 ・トマト等の加工品の製造等 ・出荷数量や経費の取りまとめ作業等	・低温時の作物管理技術等 ・マルチ等資材の撤去方法、残さの処理方法等 ・養液の調合方法、水管理技術等 ・収穫物の保存と加工技術等 ・損益計算技術等

研修4年目

従事させる作業等	左記の作業において習得させる技術
・トマト収穫作業（責任者） ・定植指揮、段取りや人員管理技術等 ・農業機械のメンテナンス ・次年度の作付け計画作成 ・パート採用業務等	・選別、出荷等の管理、他従業員への指導 ・パートへの作業指示・指導技術等 ・農閑期のメンテナンス技術等 ・栽培品種の選定、消費者ニーズの理解等 ・繁忙期の人員管理技術

「雇用就農資金」募集要項より（全国農業会議所作成）

最長4年間。（「新法人設立支援タイプ」は、最初の2年間は1カ月10万円）

（2）応募できる農業法人等要件

①概ね年間を通じて農業を営んでいる。

②仕事をしながら教える研修は、概ね年間３００時間（月平均25時間）以上行なう。

③研修指導者として5年以上の農業経験者がいるか、認定農業者がいる。

④労働保険（雇用保険・労災保険）に加入させる（個人事業も）。法人は、健康保険・厚生年金保険にも加入させる。

（3）応募できる従業員要件

①49歳以下で、農業経験が5年以内の者。

②雇用期間の定めのない正社員で、支援開始日時点で正社員としての就業期間が4カ月以上、12カ月未満である。

「雇用就農資金」に採択されると、農業会議から経営者には労務管理の説明も行なわれ、労働法や長期雇用に役立つ知識も研修できます。また、労働者名簿や賃金台帳など雇用に必要な帳簿のフォーマットも示してもらえます。

雇用就農資金の詳細は、全国新規就農相談センターのサイト「農業経営者向け情報」に掲載されています。また、電話での問い合わせは都道府県農業会議が窓口になっています。

●海外研修もできる「次世代経営者育成タイプ」

雇用就農資金のなかには「次世代経営者育成タイプ」もあります。このタイプは、農業法人等（個人事業も含む）が従業員等を次世代の経営者として育成するため、国内外の先進的な農業法人や異業種の法人に派遣（在籍出向）。現場での実践研修に対し、助成する制度です。

〈主な助成内容〉

（1）助成額

派遣研修生1人当たり1カ月最大10万円

（2）助成対象経費

①代替職員人件費

派遣元農業法人等が、派遣研修生の代替として、派遣研修開始1カ月前以降に新たに雇用した職員の人件費。なお、派遣研修生の人件費を派遣受入法人が全額負担する場合は助成対象外とし、派遣受入法人が一部負担する場合は、代替職員の人件費助成額からその負担額を控除した額となります。

②派遣研修経費

派遣研修実施による転居に係る費用、住居費、通勤に係る交通費および研修負担金

（3）助成期間

最短3カ月から最長2年

●農業大学校生も対象になる「就農準備資金」

都道府県が認可する農業大学校や先進農家・先進農業法人、または全国農業委員会ネットワーク機構が認めた教育機関（農業専門学校等）で研修を受ける場合は、研修期間中に月12万5000万円（年間で最大150万円）が最長2年間交付されます。

労務相談

ここが聞きたいQ&A ㉟

社労士に依頼できることは

Q 社会保険労務士には、どのような仕事を依頼できますか。また、農業に強い社労士を探す方法はありますか。

A 社会保険労務士は国家資格で、通称「社労士」とか「労務士」と呼ばれます。労働・社会保険の書類作成の代行や、労務管理に関する相談・指導、会社や従業員が受ける助成金の申請代行を依頼できます。さらに「特定社労士」は、労働紛争に伴う労働局あっせん制度等の代理業務も行なえます。

農業に強い社労士を探す方法は、知り合いの農業経営者から紹介してもらうことがよいと思います。

また、全国農業会議所に事務局がある「全国農業経営支援社会保険労務士ネットワーク」（略称：社労士ネットワーク）のサイトにある会員名簿から探す方法もあります。

〈交付対象者の主な要件〉

①就農予定時の年齢が、原則49歳以下であること。

②独立・自営就農、雇用就農または親元での就農を目指すこと。独立・自営就農を目指す者については、就農後5年以内に認定農業者または認定新規就農者になること。親元就農を目指す者については、就農後5年以内に経営を継承する、農業法人の共同経営者になるまたは独立・自営就農し、認定農業者または認定新規就農者になること。

③都道府県等が認めた研修機関・先進農家・先進農業法人で概ね1年以上（1年につき概ね1200時間以上）研修すること。

④常勤の雇用契約を締結していないこと。

⑤生活保護、求職者支援制度など、生活費を支給する国の他の事業と重複受給でないこと。

⑥申請時の前年の世帯全体（親子および配偶者の範囲）の所得が原則600万円以下であること。

⑦研修中のケガなどに備えて傷害保険に加入すること。

詳しくは、都道府県農政部門、農業大学校または全国農業会議所の就農準備資金担当へお問い合わせください。

●認定新規就農者が対象になる「経営開始資金」

新規就農される方に、農業経営を始めてから経営が安定するまでの最大3年間、月12万5000円（年間150万円）が交付されます。

〈交付対象者の主な要件〉

①就農時の年齢が、原則49歳以下の認定新規就農者（青年等就農計画を市町村に認定された者）であること。

②独立・自営就農であること。

③農地の所有権または利用権を交付対象者が有していること。

④主要な機械・施設を交付対象者が所有または借りていること。

⑤生産物や生産資材等を交付対象者の名義で出荷または取引すること。

⑥経営収支を交付対象者の名義の通帳および帳簿で管理すること。

⑦交付対象者が農業経営に関する主宰権を有している

こと。

親などの経営の全部または一部を継ぐ場合には、継承する農業経営に従事してから5年以内に継承し、かつ新規参入者と同等の経営リスク（新規作目の導入や経営の多角化等）を負うと市町村に認められること。

就農する市町村の「目標地図」に位置づけられていること（見込みも可）、「人・農地プラン」の中心経営体として位置づけられていること（見込みも可）、または農地中間管理機構から農地を借り受けていることなどが要件になっています。

交付主体は市町村になりますので、詳しくは市町村農政担当者へお問い合わせください。

2　厚生労働省関係

●数多くの支給対象がある厚生労働省の雇用助成金

厚生労働省関係の雇用助成金は、【表36】のように多くの支給対象があり、助成金を説明した冊子「雇用・労働分野の助成金のご案内」が毎年作成されています。こ

表36　厚労省関係の雇用助成金の主な支給対象とねらい

主な支給対象
・高齢者・障害者等の雇用 ・未経験者の雇い入れ（トライアル雇用）
定年引上げ等の継続雇用
雇用の維持
職業能力の向上
有期雇用労働者等の正社員化
育児・介護労働者の仕事と家庭の両立
生産性向上等を通じた最低賃金引上げ支援

の冊子は、インターネットからダウンロードできます。なお、「雇用就農資金」と合わせて受給できない助成金もありますので、事前にご確認ください。

●助成金受給のポイント

厚労省関係の助成金受給の主なポイントは次のとおりです。

(1) 雇用保険の適用事業所であること(雇用保険に入っていること)

(2) 事前に受給要件を確認しておくこと

①人を雇い入れる場合

A ハローワーク等を通じての求人か

B 求人票に対象となる助成金の求人であることを明記しているか(トライアル雇用)

②助成金を受けるために事前の届出(計画書等)が必要な場合がある

③助成金の対象となる期間はいつまでか

助成金は毎年内容が変わります。それにより受給期間も変更になることがあります。

④会社都合の解雇がないか

助成金により雇い入れ前後の期間に会社都合の解雇を問われることがあります。

⑤労働保険料が納付されているか

(3) 事案に対してひとつの助成金が原則

どの助成金を受給するか、要件をよく確認することが大切です。

(4) 労務管理がキチンとできていること

労働者名簿・賃金台帳・出勤簿や労働条件通知書・雇用契約書も整備しておきましょう。助成金の申請書の添付書類として必要となります。また、助成金に対応した内容の就業規則が必要となる助成金もあります。

(5) 申請窓口の確認

助成金により申請の窓口が違います。また、担当者から申請のポイントをよく聞いておきましょう。助成金の詳しい内容は厚生労働省のサイト等に掲載されています。

図表目次

序章　あなたの農場で必要な労務管理

第1章　募集から採用まで

第2章　職場の規律

第3章　賃金

第4章　労働・社会保険

第5章　研修生・外国人労働者の労務管理

第6章　雇用に関する助成金

索引

主要な関連ページにはアンダーラインを引いています。

付録 農業の就業規則 例（解説付き）

第1章　総則

（目的）

第1条　この規則は、○○株式会社（以下、会社という）の従業員の就業に関する労働条件および服務規律その他の就業に関する事項を定めたものである。

解説　個人事業の場合は、会社名のところへ屋号と事業主名（○○農園・事業主○○○○）を記入してください。

（適用範囲）

第2条　この規則は、第2章で定める手続きにより採用された従業員に適用する。ただし、無期転換従業員およびアルバイト等の有期雇用である従業員については、第10条（休職）、第4章（勤務）、第5章（休暇等）、第6章（賃金、退職金）および第7章の定年に関する規定は適用しない。適用しない部分については、個別に締結する労働契約および第10章（補則）による。

解説　この規則は、全従業員に適用されます。ただし、アルバイト等には適用されない部分があることを示しています。

（規則の遵守）

第3条　会社および従業員は、ともにこの規則を守り、相協力して業務の運営に当たらなければならない。

第２章　採用および異動

（採用）

第４条　会社は、入社を希望する者のうち、選考に合格し所定の手続きを行なった者を従業員として採用する。

（採用選考）

第５条　従業員として入社を希望する者は次の書類を提出するものとし、会社は、書類選考、面接試験を行ない、採用内定者を決定する。ただし、会社が認めた場合は、書類の一部の提出を省略することがある。

①履歴書　（提出日３カ月以内に撮影した写真を貼付すること）

②職務経歴書

③健康診断書　（提出日前３カ月以内に受診したものに限る）

④学業成績証明書および卒業（見込）証明書　（新卒の場合）

⑤各種資格証明書その他会社が必要とするもの

（提出書類）

第６条　１　採用内定者が従業員として採用されたときは、会社の指定した日までに次の書類を提出しなければならない。ただし、会社が認めた場合は提出書類の一部を省略することがある。

①誓約書

②身元保証書

③住民票記載事項証明書

④源泉徴収票（入社の年に給与所得のあった者）

⑤年金手帳および雇用保険被保険者証（職歴のある者）

⑥個人番号カードまたは通知カードの写し

⑦その他会社が必要とするもの

２　前項の定めにより提出した書類の記載事項に変更を生じたときは、速やかに書面で会社に変更事項を届け出なければならない。

３　第１項第6号で取得する従業員および従業員の扶養家族の個人番号の利用目的は、次のとおりとする。

①雇用保険届出事務

②健康保険・厚生年金保険届出事務
③国民年金第3号被保険者届出事務
④労働者災害補償保険法に基づく請求事務
⑤給与所得・退職所得の源泉徴収票作成事務

解説 個人番号（マイナンバー）の提出を求めるので、利用目的を就業規則等に明記しておく必要があります。

(試用期間)

第7条　1　新たに採用したものには、採用の日から［6カ月間］を試用期間とする。ただし、会社が認めたときは試用期間を設けないことがある。

2　前項の試用期間中に従業員としての適格性を判断し難いときは、試用期間を延長することがある。ただし、延長期間は3カ月を超えないものとする。

3　試用期間は勤続年数に通算する。

解説 試用期間は、他産業では３カ月間が一般的です。農業は、業務内容が季節により変動するので試用期間を長くしたいという経営者が多いです。しかし、最長でも１年が限度です（□の中の数字は例として示したものですから、御社の実情に合わせて変えてください。以下□の中の数字は例示です）。

(労働条件の明示)

第8条　会社は、従業員との労働契約の締結に際し、労働条件通知書を交付するとともにこの規則により労働条件を明示するものとする。

解説 労働基準法第15条により、労働契約の締結に際して所定の労働条件は「書面を交付」すると定められています。

(人事異動)

第9条　1　会社は、業務上必要がある場合には、従業員の就業する場所または従事する業務の変更を命ずることがある。

2　会社は、業務上必要がある場合には、従業員に出向を命ずることがある。

解説　２項の出向は、農閑期等に他の会社へ勤務させる制度です。農林水産省助成金「雇用就農資金」のなかには「次世代経営者育成タイプ」があり、研修を目的とした出向に対して助成があります。

（休職）

第10条　1　従業員が次の各号のいずれかの事由に該当したときは所定の期間休職とする。この場合、休職期間は次表右欄の期間とする。

号	名称	休職事由	休職期間
①	私傷病休職	業務外の傷病により欠勤が継続して1カ月超えるとき	3カ月
②	その他の休職	特別の事情があって休職をさせることが必要と認めた場合	会社が必要と認めた期間

2　前各号の休職期間中は無給とする。

3　休職期間中に休職事由が消滅したと会社が認めたときは、復職させる。

4　第1項第1号により休職し、休職期間が満了してもなお傷病が治癒せず就業が困難な場合は、休職期間の満了をもって退職とする。

5　第1項第1号による休職期間の算定に際し、6カ月以内に同一または類似の傷病により休職が付与された従業員については、休職期間を通算する。

解説　病気などで出社できない場合に、何カ月休職とするかを定めておきます。休職期間は無給にできますが、社会保険に加入していると事業主負担分は発生します。

第3章　服務規律

解説　服務規律は、従業員が「すべきこと」や「してはならないこと」など職場の規律を保持するためのルールを定めています。この章で定めていることを守らなければ、本規則第44条の懲戒処分の対象になります。

（服務）

第11条　従業員は、職務上の責任を自覚し、誠実に職務を遂行するとともに、会社の指示命令に従い、職務能率の向上および職場秩序の維持に努めなければならない。

（遵守事項）

第12条　従業員は、次の事項を守らなければならない。

①許可なく職務以外の目的で会社の施設、物品等を使用しないこと
②勤務中は職務に専念し、正当な理由なく勤務場所を離れないこと
③職場を常に整理整頓し、盗難、火災の防止に努めること
④会社の名誉や信用を損なう行為をしないこと
⑤許可なく他の会社等の業務に従事しないこと
⑥業務上知り得た会社および取引先等の機密を漏らさないこと
⑦セクシャルハラスメント、パワーハラスメント、マタニティハラスメントに相当する行為により、他人に不利益や不快感を与えたり、職場環境を悪くしたりしないこと
⑧その他酒気をおびて就業するなど、従業員としてふさわしくない行為をしないこと

（出退勤）

第13条　従業員は、出社および退社に際しては、次の事項を守らなければならない。

①始業時刻には業務を開始できるように出社すること
②出退社の際は、本人自ら所定の方法により出退社の事実を明示すること

解説　出退社の事実の明示とは、タイムカード打刻や出勤簿への記入を意味しています。

（遅刻、早退、欠勤等）

第14条　1　従業員が、遅刻、早退若しくは欠勤をし、または勤務時間中に私用外出するときは、事前に申し出て許可を受けなければならない。ただし、やむを得ない理由で事前に申し出ることができなかった場合は、

事後に速やかに届け出て承認を得なければならない。

2　傷病のため欠勤が引き続き[3日]以上に及ぶときは、医師の診断書を提出させることがある。

第4章　勤務

（労働時間および休憩時間）

第15条　1　当社の事業は農業であり、労働基準法の労働時間・休憩・休日等に関する規定は適用除外であるが、健康管理上の配慮から基準を設定するものである。

解説　労働基準法の適用除外は、農業労務管理の最大の特徴です。他産業から農業へ転職した人もいるので、適用除外を明記することでトラブルの予防にもなります。

2　始業時刻（会社の指揮命令に基づく業務を開始すべき時刻をいう）、終業時刻（会社の指揮命令に基づく業務を終了すべき時刻をいう）および休憩時間は次のとおりとする。

Ⅰ型（4月～11月）

始業時刻は[8時00分]、終業時刻は[18時00分]

休憩時間は[10時00分～10時15分]、[12時00分～13時00分]、[15時00分～15時15分]

所定労働時間は[8時間30分]とする

Ⅱ型（12月～3月）

始業時刻は[8時15分]、終業時刻は[17時15分]

休憩時間は[10時00分～10時15分]、[12時00分～13時00分]、[15時00分～15時15分]

所定労働時間は[7時間30分]とする

解説　農業は、労働時間の規制はありません。しかし、使用者には「安全配慮義務」があるので、従業員の健康も考慮した労働時間・休憩の設定が必要です。

3　会社は、業務の都合により、始業・終業時刻および休憩時間を繰り上げ、または繰り下げることがある。

解説　圃場の状態や出荷等の都合により、始業・就業時刻を変更することができます。残業対策にもなる重要な規定です。

（休日）

第16条　1　休日は、1週間において1日または4週間を通じ4日以上とし、各人ごとに別に定める勤務表により事前に通知する。1年間の総休日数は、72日を下回らない。

2　会社は、業務上の都合によりやむを得ない場合は、前項の休日を他の日に振り替えることがある。

解説　農業は、休日についても規制はありませんが、ここでは他産業の最低基準である「毎週少なくとも1回の休日」または「4週間を通じ4日以上の休日」を用いています。また、例示した年間総休日数72日は、1カ月平均6日の休日の場合です（6日×12月＝72日）。2項では「振替休日」について定めています。これは休日に勤務してもらい、他の日に休んでもらう制度です。農業は天候に左右されるので必要な仕組みです。

（時間外労働および休日労働）

第17条　1　会社は、業務の都合により第15条に定める労働時間を超えて労働させることがある。また、第16条に定める休日に出勤させることがある。

2　従業員は、正当な理由なく本条の労働を拒否できない。

解説　他産業で時間外・休日労働をさせるには、従業員代表と時間外・休日労働協定（36《さぶろく》協定）を結び、労働基準監督署へ届け出が必要です。しかし、農業はその必要はありません。

（臨時の休業）

第18条　1　天候不良や経営上の都合、または天災事変等やむを得ない事由に

よって通常の業務ができないときは、所定労働時間の全部または一部について臨時に休業することがある。

2　前項の場合、その休業が会社の責めに帰すべき事由によるときは、休業手当を支払う。

解説　天候等により農作業ができないときは臨時休業することを定めています。一般的な雨降りや圃場の不良による臨時休業は、労働基準法第26条により休業手当（平均賃金の60％）を支払う必要があります。しかし、大型台風等による天災地変に該当するときは、休業手当の支払いは必要ありません。

第5章　休暇等

（年次有給休暇）

第19条　1　各年次ごとに所定労働日の8割以上出勤した従業員に対しては、次の表のとおり勤続年数に応じた日数の年次有給休暇を与える。

<table>
<tr><th rowspan="2">週所定
労働時間</th><th rowspan="2">週所定
労働日数</th><th rowspan="2">年間の
所定労働
日数</th><th colspan="7">雇い入れ日から起算した継続勤務期間に応じた年次有給休暇の日</th></tr>
<tr><th>6カ月</th><th>1年
6カ月</th><th>2年
6カ月</th><th>3年
6カ月</th><th>4年
6カ月</th><th>5年
6カ月</th><th>6年
6カ月
以上</th></tr>
<tr><td colspan="3">30時間以上</td><td rowspan="2">10</td><td rowspan="2">11</td><td rowspan="2">12</td><td rowspan="2">14</td><td rowspan="2">16</td><td rowspan="2">18</td><td rowspan="2">20</td></tr>
<tr><td rowspan="5">30時間
未満</td><td>5日以上</td><td>217日以上</td></tr>
<tr><td>4日</td><td>169日～
216日</td><td>7</td><td>8</td><td>9</td><td>10</td><td>12</td><td>13</td><td>15</td></tr>
<tr><td>3日</td><td>121日～
168日</td><td>5</td><td colspan="2">6</td><td>8</td><td>9</td><td>10</td><td>11</td></tr>
<tr><td>2日</td><td>73日～
120日</td><td>3</td><td colspan="2">4</td><td>5</td><td colspan="2">6</td><td>7</td></tr>
<tr><td>1日</td><td>48日～
72日</td><td>1</td><td colspan="3">2</td><td colspan="3">3</td></tr>
</table>

2　年次有給休暇を請求するときは、原則として1週間前までに所属長に届け出るものとする。年次有給休暇は本人の請求があった時季に与えるものとする。ただし、業務の都合によりやむを得ない場合に

は、他の時季に変更することがある。

3　事前に届け出ることができなかったときは、事後の申し出を会社が承認した場合に限り、欠勤日を年次有給休暇に振り替えることができる。

4　労使協定を締結したときは、年次有給休暇のうち5日を超える日数について計画的に付与することがある。

5　年次有給休暇は次年度に限り繰り越すことができる。

6　年次有給休暇が10日以上与えられた従業員に対して、付与日から1年以内に、年次有給休暇日数のうち5日について、会社が従業員の意見を聴取し意見を尊重した上で、時季を指定して取得させることがある。ただし、時季指定前に従業員自らが年次有給休暇を取得した日数は、5日から控除する。

解説　6項の年休が10日以上の従業員には、5日は時季を指定して取得させる義務があります。違反すれば、労働基準法120条により罰金が科せられることもあります。

（産前産後休業）

第20条　1　6週間（多胎妊娠の場合は14週間）以内に出産予定の従業員が請求したときは、産前休業を与える。

2　産後8週間を経過しない従業員については就業させない。ただし、産後6週間を経過した従業員が就業を請求したときには、医師が支障ないと認める業務に就かせることがある。

3　産前産後の休業期間は無給とする。

解説　20条から26条までの休暇等は、農業にも適用されますが、無給でかまいません。

（母性健康管理のための時間等）

第21条　1　女性従業員が妊産婦のための保健指導または健康診査を受診するために必要な時間を確保することを認める。

2　妊娠中および出産後1年以内の女性従業員が、健康診査等を受け医

師等から指導を受けた場合は、その指導事項を守ることができるようにするために、勤務時間の変更、勤務の軽減等を認める。

3　本条の母性健康管理に関する不就業時間等は無給とする。

(生理日の措置)

第22条　1　生理日の就業が著しく困難な従業員が請求したときは、会社は必要な期間休暇を与える。

2　この措置による日または時間は無給とする。

(育児時間)

第23条　1　生後1年未満の乳子を育てる女性従業員が請求したときは、休憩時間のほかに、1日2回、おのおの30分の育児時間を与える。

2　育児時間は無給とする。

(育児休業等)

第24条　1　従業員は、1歳に満たない子を養育するため必要があるときは、会社に申し出て育児休業をし、また、3歳に満たない子を養育するため必要があるときは、会社に申し出て育児短時間勤務制度の適用を受けることができる。

2　3歳に満たない子を養育する従業員で会社に申し出た者については、事業の正常な運営を妨げる場合を除き、所定労働時間を超えて労働させることはない。

3　小学校就学の始期に達するまでの子を養育する従業員は、負傷し、または疾病にかかった当該子の世話等をするために、当該子が1人の場合は1年間につき5日、2人以上の場合は1年間につき10日を限度として、子の看護休暇を取得することができる。

4　第1項～第3項の対象となる従業員の範囲その他必要な手続きについては、育児・介護休業等に関する法の定めるところによる。

5　育児休業等の期間は無給とする。

解説　育児休業の対象となる従業員が多い農場は、休業の手続き等を定めた「育児・介護休業等に関する規則」(規則のモデル例は厚生労働省のサイトに

掲載）を作成しましょう。

（介護休業等）

第25条　1　従業員は要介護状態にある家族を介護するため必要があるときは、会社に申し出て介護休業、または介護短時間勤務制度の適用を受けることができる。

2　要介護状態にある家族の介護その他の世話をする従業員は、当該家族が1人の場合は1年間につき5日、2人以上の場合は1年間につき10日を限度として、介護休暇を取得することができる。

3　第1項～第2項の対象となる従業員の範囲その他必要な手続きについては、育児・介護休業等に関する法の定めるところによる。

4　介護休業等の期間は無給とする。

（公民権行使の時間）

第26条　1　従業員が勤務時間中に選挙その他公民としての権利を行使するため、また、公の職務（裁判員を含む）につくため、あらかじめ請求した場合は、それに必要な時間または日を与える。ただし、業務の都合により、時刻を変更する場合がある。

2　公民権行使の時間または日は無給とする。

解説　従業員が、選挙権等の公民権行使の時間や、裁判員制度により裁判員に選任された場合もこの規定により対応します。

（慶弔休暇）

第27条　従業員が申請した場合は、次のとおり慶弔休暇を与える。

① 本人が結婚するとき　3日

② 妻が出産するとき　2日

③ 配偶者、子女または父母が死亡したとき　2日

④ 兄弟姉妹、祖父母が死亡したとき　1日

解説　慶弔休暇は定めず、年次有給休暇で対応してもらう場合は、この条を削除してください。

第6章　賃金、退職金

（賃金体系）

第28条　1　賃金体系は、次のとおりとする。

- 賃金
  - 所定内賃金
    - 基本給
    - 諸手当
      - 通勤手当
      - 家族手当
      - 管理職手当
  - 所定外賃金
    - 時間外労働手当
    - 休日労働手当
    - 深夜労働手当

2　基本給は、本人の職務内容、技能、勤務成績、年齢等を考慮して各人別に決定する。

3　通勤手当は、月額 12,900 円までの範囲内において、次のとおり支給する（非課税限度額以内）。

①公共交通機関を利用する場合は、1カ月の定期券代。

②自動車を利用する場合は通勤距離による。

通勤距離（片道）	通勤手当
2km未満	支給しない
2km以上10km未満	月額4,200円
10km以上15km未満	月額7,100円
15km以上	月額12,900円

解説　通勤手当の支給は任意です。支給しても、上記の表のように所得税の非課税限度額以内がほとんどです。なお、通勤距離片道55km以上でしたら31,600円まで非課税になりますが、そこまで高額支給しているところは少ないです。

4　家族手当は、次の家族を扶養する従業員に対し、月額 10,000 円を限度として支給する。この場合の扶養とは、所得税法上の扶養家族とされている者をいう。

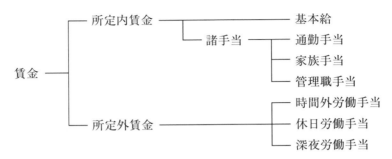

（1）配偶者：月額 3,000 円

（2）子、父母、１人につき：月額 2,000 円

解説　家族手当の支給は任意です。支給しない場合は、この条文を削除してください。

5　管理職手当は、管理監督者に支給する。管理監督者が所定労働時間を超えて労働を行った場合は、別に定める管理職手当をもって時間外労働手当および休日労働手当に代える。

解説　管理職手当の支給は任意です。管理監督者とは、経営者と一体的な立場にある農場長等で、出退勤時間が任されていることなどが前提になります。現在該当者がいなくても、管理監督者を育成していく計画があれば定めておきます。

6　所定時間外に命ぜられて勤務に就いた者に対し時間外労働手当、休日に命ぜられ勤務に就いた者に対し休日労働手当、深夜（午後10時～午前5時の間）に命ぜられ勤務に就いた者に対し深夜労働手当をそれぞれ次により支給する。

$$\text{時間外・休日労働手当} = \frac{\text{基本給＋諸手当}}{\text{1カ月平均所定労働時間数}} \times \text{時間外・休日労働時間数}$$

$$\text{深夜労働手当} = \frac{\text{基本給＋諸手当}}{\text{1カ月平均所定労働時間数}} \times 0.25 \times \text{深夜労働時間数}$$

（＊諸手当には、家族手当・通勤手当は含まない）

解説　他産業は、時間外労働については２割５分以上（60時間超は５割以上）、休日労働については３割５分以上の割増賃金を支払うことになっていますが、農業には適用されません。しかし、深夜労働における２割５分増しの割増賃金は農業にも適用されます。

（支払い形態）

第29条　賃金の支払い形態は、時給制・日給制・月給制として、労働契約書により定める。

（賃金計算期間および支払い日）

第30条　1　賃金は 毎月末 に締め切り、翌月 10日 に支払う。
ただし、支払い日が休日にあたるときは、その日以後の最も近い休日でない日に支給する。

2　計算期間中の中途で採用され、または退職した場合の給与は、当該計算期間の所定労働日数を基準に日割り計算して支払う。

解説　賃金は、毎月１回以上の一定の期日に支払う必要があります（労働基準法第24条）。

（賃金の支払い）

第31条　1　賃金は通貨で直接社員にその全額を支払う。ただし、社員の同意を得た場合は本人指定の口座に支払う。

2　前項の規定にかかわらず、次に掲げるものは支払いのとき控除する。

①源泉所得税、住民税
②雇用保険料の個人負担分
③社会保険料（健康保険料・介護保険料・厚生年金保険料）の個人負担分
④その他従業員代表との書面による協定により賃金から控除することとしたもの

解説　懇親会費や昼食代などを賃金から控除するときは、従業員代表者と「賃金控除に関する協定書」（本書99ページ）を締結する必要があります。

（賃金の計算方法）

第32条　1　欠勤、遅刻、早退および私用外出の時間については、1時間当たりの賃金額に欠勤、遅刻、早退および私用外出の合計時間数を乗じた額を差し引くものとする。

2　年次有給休暇の期間は、所定労働時間労働したときに支払われる通常の賃金を支払う。

3　慶弔休暇の期間は、通常の賃金を支払う。

4　会社の責に帰すべき事由によって休業した場合には、休業手当として休業1日について平均賃金の100分の60を支給する。

（賃金の改定）

第33条　勤務成績等の評価や会社業績を勘案して、毎年 4月 に賃金改定（昇給・降給）を行なう。ただし、経営状況その他の状況により行なわないことがある。

解説　賃金の改定は、従業員には最大の関心事です。人事評価に基づいて昇給または降給する必要があります。本書104ページからの人事評価方法を参考にしてください。

（賞与）

第34条　1　賞与は原則として支給しないが、会社の業績に応じ支給することがある。

2　前項の賞与の額は、従業員の勤務成績などを考慮して各人ごとに決定する。

解説　賞与は一律支給ではなく、農業技術レベルや勤務成績などの人事評価に基づいて支給すれば、従業員のやる気につながります。

（退職金）

第35条　退職金は支給しない。

解説　退職金を支給する場合は、国の中小企業のための退職金制度である「中小企業退職金共済制度（中退共）」の利用が堅実で節税にもなります。

なお、「退職金は、3年以上勤務した者には支給することがある」などと曖昧な表現にすると、支給の有無や金額でトラブルの原因になります。

第7章　定年、退職および解雇

（定年）

第36条　1　従業員の定年は満 60 歳とし、定年に達した日の属する月の末日をもって退職とする。

2　定年に達した者が引き続き就業を望むときは、定年退職日の翌日か

ら引続き1年更新の契約とし最長満65歳まで再雇用する。

3　再雇用者の労働時間および賃金等の処遇については、従業員本人の健康状態、意欲、能力等総合的に勘案して個別に契約するものとする。

解説　現在の法定定年年齢は60歳です。定年とは別に、企業には65歳までの雇用確保義務（高年齢者雇用安定法第9条）があります。また、70歳までの雇用確保努力義務もあります。

（退職）

第37条　1　前条に定めた定年のほか、従業員が次の各号のいずれかに該当した場合は退職とし、各号で定める日を退職の日とする。

①本人の都合により退職願を提出し会社が承認したとき…会社が退職日として承認した日

②休職期間が満了しても休職事由が消滅しないとき…期間満了の日

③従業員が行方不明となって30日以上連絡がとれないときで、解雇手続をとらない場合…30日を経過した日

④本人が死亡したとき…死亡した日

⑤従業員が解雇された場合…解雇の日

⑥その他、退職につき労使双方合意したとき…合意により決定した日

2　従業員が自己の都合により退職しようとするときは、少なくも退職予定　日の30日前までに退職願を提出しなければならない。

解説　2項で、30日前に退職願を提出と例示していますが、民法627条では2週間前に退職の申出をすることになっています。ですから、法的拘束力は2週間前ですが、職場のルールとして30日前と定めています。多くの企業でもこのようにしています。

（解雇）

第38条　従業員が次のいずれかに該当する場合は解雇とする。

①勤務状況が著しく不良で、改善の見込みがなく、従業員としての職責を果たし得ないとき

②勤務成績または業務効率が著しく不良で、向上の見込みがなく、他の職務にも転換できない等就業に適さないとき

③精神または身体の障害もしくは疾病によって、業務に耐えられないまたは業務提供が不完全であると認められるとき

④業務上の傷病による療養の開始後3年を経過してもなおらない場合であって、労働者が傷病補償年金を受けているとき、または受けることとなったとき

⑤重大な懲戒事由に該当するとき

⑥本規則その他の諸規程に違反するなど、従業員としての適格性がないと判断されるとき

⑦事業の縮小・転換または部門の閉鎖等を行なう必要が生じ、かつ他の職務に転換させることが困難なとき

⑧天災事変その他やむを得ない事情により、事業の継続が不可能となり、雇用を維持することができなくなったとき

⑨その他前各号に準ずるやむを得ない事由があるとき

解説　解雇とは、使用者側から雇用契約を解除することで、いわゆる従業員をクビにすることです。解雇には普通解雇、整理解雇、懲戒解雇があります。この第38条では、普通解雇と整理解雇の事由を規定しています。

（解雇予告）

第39条　1　前条により解雇する場合は、30日以上前に本人に予告するか、または平均賃金の30日分に相当する解雇予告手当を支払う。この場合において予告の日数は、解雇予告手当を支払った日数だけ短縮する。

2　前項の定めにかかわらず、次の各号のいずれかに該当する場合は予告することなく即時解雇する。

①試用期間中で採用日から14日以内の者を解雇するとき

②2カ月以内の期間を定めて雇用した者を解雇するとき

③季節的業務に4カ月以内の期間を定めて雇用した者を解雇するとき

④本人の責めに帰すべき事由によって解雇する場合で、労働基準監督署長の認定を受けたとき

⑤天災事変その他やむを得ない事由のため事業の継続が不可能と

なった場合で、労働基準監督署長の認定を受けたとき

解説　第37条から第39条までの退職・解雇関係事項は、就業規則の絶対的必要記載事項です。

（解雇制限）

第40条　1　次の各号のいずれかに該当するときは、その期間中は解雇しない。

①業務上の傷病にかかり療養のため休業する期間およびその後30日間

②産前産後の休業期間およびその後30日間

2　前項の規定は、次の各号のいずれかに該当するときは適用しない。

①業務上の傷病による休業中の者が療養開始後3年を経過した日に労働者災害補償保険の傷病補償年金を受けているとき、もしくは同日後に傷病補償年金を受けることになったとき、または労働基準法第81条の打切り補償を行なったとき

②天災事変その他やむを得ない事由のため、事業の継続が不可能となった場合

（退職および解雇後の義務等）

第41条　1　従業員が退職または解雇された場合は、会社から貸与された物品その他会社に属するものを直ちに返還し、会社に債務があるときは退職または解雇の日までに清算しなければならない。

2　退職または解雇された従業員は、離職後も在職中に知り得た会社の機密を漏えいしてはならない守秘義務を負う。これに違反し会社が損害を受けたときには、その損害を賠償しなければならない。

3　会社は、退職または解雇された従業員から使用証明書、退職証明書、解雇理由証明書等の交付請求があったときは、遅滞なくこれを交付する。

解説　2項の「離職後も守秘義務を負う」と就業規則で規定することにより、退職後も機密を守る義務が生じます。

第８章　表彰および懲戒

（表彰）

第42条　1　従業員が次の各号のいずれかに該当する場合には、表彰することがある。

①業務上有効な発明、改善、工夫、考案をし、あるいは業務上有益な貢献をしたとき

②著しく成績優秀で他の模範となる業績を上げたとき

③会社に多大な貢献をしたとき

④災害を未然に防止し、または災害を最小限に抑える等の功労があったとき

⑤その他特に表彰する価値があると会社が認めたとき

2　表彰は、賞状のほか、賞品または賞金の授受等によって行なう。

解説「表彰」は定めなくてもかまいませんが、功のあった者には賞を与え、罪を犯した者には懲戒を与えるという信賞必罰や士気向上からも表彰は大切です。

なお、労働基準法第89条9号により、就業規則において表彰および制裁（懲戒）の定めをする場合においては、その種類および程度に関する事項を記載する必要があります。

（懲戒の種類）

第43条　会社は、次の区分により懲戒処分を行なう。ただし、軽度の違反のときは訓告にとどめる。

号	区分	内容
1	けん責	始末書を提出させて将来を戒める。
2	減給	始末書を提出させて減給する。ただし、一事案について平均賃金の1日分の半額、総額について一賃金支払い期における賃金総額の10分の1を限度とする。
3	出勤停止	始末書を提出させるほか、14日以内で出勤を停止し、その間の賃金は支給しない。

4	諭旨《ゆし》解雇	本人が非を反省し、会社の諭旨を受け入れた場合には、諭旨解雇とする。ただし、諭旨に応じない場合は懲戒解雇とする。
5	懲戒解雇	予告期間を設けることなく、即時解雇する。この場合、労働基準監督署長の認定を受けたときは、解雇予告手当を支給しない。

解説　懲戒の種類を軽いものから重いものへの順に示しています。2号減給の金額が少ないと言われる方がいますが、労働基準法第91条で減給できる額が制約されています。

（懲戒の事由）

第44条　1　会社は、従業員が次の各号のいずれかに該当するときは、情状に応じ、けん責、減給または出勤停止とする。ただし、多重的に違反がなされた場合は、諭旨解雇または懲戒解雇に処することがある。

①正当な理由なく無断欠勤をしたとき

②正当な理由なくしばしば遅刻、早退したとき

③就業時間中に許可なく自己の職場を離脱し、職務に支障をきたしたとき

④過失により会社に損害を与えたとき

⑤就業または業務に関し、虚偽の届出または報告を行なったとき

⑥職務上の指揮命令に従わず職場秩序を乱したとき

⑦素行不良で、会社内の秩序または風紀を乱したとき（セクシャルハラスメント・パワーハラスメント・マタニティハラスメントにあたる行為を含む）

⑧職場で暴行、脅迫、傷害、暴言またはこれに類する行為をしたとき

⑨職務に対する熱意または誠意がなく、怠慢で業務に支障が及ぶと認められるとき

⑩会社に属するコンピュータ、電話（携帯電話含む）、ファクシミリ、インターネット、電子メールその他の備品を無断で私的に使用したとき

⑪会社および取引先の機密およびその他の情報を漏らし、あるいは漏らそうとしたとき

⑫会社の許可なく副業、兼業を行なったとき
⑬本規則および会社が定める諸規程に違反したとき
⑭その他前各号に準ずる行為をしたとき

2　次のいずれかに該当するときは、懲戒解雇に処する。ただし、本人がその非を反省し会社の諭旨を受け入れた場合には、諭旨解雇とすることができる。

①正当な理由なく、欠勤が14日以上におよび、出勤の督促に応じないまたは連絡がとれないとき
②正当な理由なく遅刻、早退または欠勤を繰り返し、再三注意を受けても改めないとき
③正当な理由なくしばしば業務命令に従わないとき
④故意または過失により会社に重大な損害を与えたとき
⑤重大な報告を疎かにした、または重大な虚偽の報告を行なったとき
⑥重要な経歴を偽り、詐術その他不正な手段をもちいて採用されたことが判明したとき
⑦会社の許可なく、本業の業務に支障のある副業、兼業を行なったとき
⑧正当な理由なく配置転換、出向命令等の重要な職務命令に従わないとき
⑨素行不良で、著しく会社内の秩序または風紀を乱したとき（セクシャルハラスメント・パワーハラスメント・マタニティハラスメントにあたる行為を含む）
⑩会社内で窃盗、横領、脅迫、暴行傷害等の刑法等の犯罪に該当する行為があったとき、または会社外で不法行為を犯し有罪判決を受けたとき
⑪故意または重大な過失によって会社の建物、施設、農業機械、備品等を破損、使用不能の状態等にしたとき、または会社の重要な情報を消去あるいは使用不能の状態にしたとき
⑫再三の注意にもかかわらず、職務に対する熱意または誠意がなく、怠慢による事故発生、あるいは事故発生を予兆させるとき

⑬会社、会社の従業員および取引先を誹謗中傷し、または虚偽の風説を流布し、会社業務に重大な支障を与えたとき
⑭会社および取引先の重大な機密およびその他の情報を漏らし、あるいは漏らそうとしたとき
⑮他人を教唆・先導して、前条または本条に定める懲戒事由に該当する行為をさせ、またはそれを助けたり隠蔽したとき
⑯会社施設および関連施設において、許可なく集会、演説、示唆、貼紙、印刷物の配布その他これに類する行為を行なったとき
⑰前項の懲戒を受けたにもかかわらず、または再三の注意、指導にもかかわらず改悛の見込みがないとき
⑱その他この規則および諸規程に違反し、あるいは前各号に準ずる重大な行為があったとき

3　従業員が、故意または過失によって会社に損害を与えたときは、懲戒されたことによって損害の賠償を免れることはできない。

解説　第44条で示している懲戒の事由は「限定列挙」といわれ、ここで規定したこと以外の事由で懲戒することは難しいと考えられています。

第9章　安全衛生および災害補償

解説　第9章安全衛生および災害補償は、相対的必要記載事項ですので必ず規定する事項ではありませんが、農業法人等の就業規則でも規定しているところが多いです。

(安全衛生)

第45条　1　会社は、従業員の安全衛生の確保および改善をはかり、快適な職場の形成のため必要な措置を講ずる。

2　従業員は、安全衛生に関する法令および会社の指示を守り、会社と協力して労働災害の防止に努めなければならない。

（健康診断）

第46条　1　会社は従業員に対し、法令の定めるところに従い、必要な健康診断を実施する。

2　健康診断の結果、特に必要があると認められる場合には、就業を一定期間禁止し、または配置換えすることがある。

（災害補償）

第47条　従業員が業務上の事由または通勤により負傷し、疾病（業務上に限る）にかかり、または死亡した場合は、労働基準法および労働者災害補償保険法に定めるところにより災害補償を行なう。

第10章　補則

（教育訓練）

第48条　1　会社は、従業員に対し、業務に必要な知識、技能、資質の向上を図るため、必要な教育訓練を行なう。

2　従業員は、会社から教育訓練を受講するよう指示された場合には、特段の事由がない限り指示された教育訓練を受けなければならない。

（安全衛生教育）

第49条　1　会社は従業員に対し、雇い入れの際および配置換え等により作業内容を変更した際にはその従事する業務に必要な安全衛生教育を行なう。

2　従業員は前項の教育を進んで受けなければならない。

（無期転換従業員）

第50条　1　期間の定めのある労働契約で雇用する従業員のうち、通算契約期間が５年を超える従業員は、別に定める様式で申込むことにより、現在締結している有期労働契約の契約期間の末日の翌日から、期間の定めのない労働契約での雇用に転換することができる。

2　前項の通算契約期間は、有期労働契約の契約期間を通算するものとし、現在締結している有期労働契約については、その末日までの期

間とする。ただし、労働契約が締結されていない期間が連続して6カ月以上ある従業員については、それ以前の契約期間は通算契約期間に含めない。

3　無期労働契約へ転換した従業員に係る定年は、満60歳とし、定年に達した日の属する月の末日をもって退職とする。引き続き就業を望む場合は、1年更新の契約とし満65歳まで再雇用する。

4　無期労働契約へ転換したときの年齢が満60歳以上の場合は、無期転換後最初に到来する誕生日の属する月の末日をもって退職とする。ただし、満65歳未満の場合は、前項の規定により再雇用する。

解説　第50条は、臨時やアルバイト等の有期雇用従業員であっても、5年を超えると定年まで就業することができる無期転換制度への対応について定めています。

附　則

この規則は、　　　　年　月　日から施行する。

【著者略歴】

福島公夫（ふくしま　きみお）

特定社会保険労務士／中小企業診断士
長野市の専業農家生まれ。JA長野中央会勤務を経て、JA長野厚生連総務部長として人事・労務管理を担当。その後、長野県農業会議参事として、農業法人等の労務管理、農の雇用事業に携わる。現在、JA長野厚生連労務顧問、長野県農業大学校講師。

福島邦子（ふくしま　くにこ）

特定社会保険労務士／産業カウンセラー
長野市の専業農家生まれ。結婚により就農。兼業農家として1998年に福島社会保険労務士事務所開業。地元の中小企業や県内外の農業法人の労務・社会保険相談を中心に活動。現在、JA全農長野県本部労務顧問、全国農業経営支援社会保険労務士ネットワーク会員。

〔著書〕
福島邦子・福島公夫共著『知らなきゃ損する　農家の年金』農文協、2000年
福島邦子・福島公夫共著『農家・法人の労務管理』農文協、2013年
福島邦子著『こんなに安心、有利! 農業者年金』全国農業会議所、2015年

〔連絡先・福島社会保険労務士事務所〕
〒388-8011　長野市篠ノ井布施五明1064
E-mail　fukusima@grn.janis.or.jp
H P　https://fukushimashakaihoken.p-kit.com/

改訂新版　**農家・農業法人の労務管理**
人材確保、就業規則、賃金、労働・社会保険

2024年3月20日　第1刷発行

著　者　福島公夫
　　　　福島邦子

発行所　一般社団法人　農山漁村文化協会
〒335-0022　埼玉県戸田市上戸田2丁目2－2
電　話　048（233）9351（営業）　048（233）9355（編集）
FAX.　048（299）2812　振　替　00120-3-144478
URL　https://www.ruralnet.or.jp/

ISBN978-4-540-23173-5
〈検印廃止〉

DTP制作／農文協プロダクション
印刷／㈱光陽メディア
製本／根本製本㈱
定価はカバーに表示